JN063721

MacBook
仕事術!
MacBook Working Style Book!!!!

2021

CONTENTS

94 .... **マイ MacBook スタイル!**

94
小林真梨子
(写真家)

96
片岡亮介
(アーティスト)

98
西村理佐
(写真、映像作家、アートディレクター)

Cover Model / Risa Nishimura
Photo / Fumihiko Suzuki(snap!)

MacBook
仕事術!
MacBook Working Style Book!!!!
2021

M1 MacBookの登場でより加速する MacBookでの仕事達成テクニック!

　Appleが自社で開発したM1チップにより、驚きの処理速度、パフォーマンスがエントリーモデルの価格で実現できてしまったM1 Mac。また、Big Surで実現された斬新なiOSライクな操作スタイル、さらにはiOSアプリも動いてしまうという事態は、あまり予想できた人もいなかったのではないだろうか。増え続けるリモートワークの需要や、コワーキングスペースやカフェなどで主に作業をする方たちには、M1 MacBookの登場は非常に刺激的であったはずだ。

　もちろん、現在のM1 Macのラインナップは、13インチモデルが2つと、Mac miniのみであるので、すべての人の要求を満たすものではない。ただ2021年以降、従来のWindows機などに比較して、よりハイパフォーマンスな機種が供給され続けるのは間違いないだろう。安心して、今後を見据えてMacでの作業環境を高めていくことに没頭すればよいのだ。

　もとより、Mac環境を求めていた層は、低価格でハイパフォーマンスなものを求めていたわけではなく、使いやすいOSや、わかりやすいンターフェース、美しいデザインなどが優先されていた。それがまったく損なわれることなく、思わぬ大収穫があったという意味で、M1 Macの登場は、とても衝撃的だった。

MacBookを最大限に活用するための
6つのキーワード

MacBookは、使用するスタイルやアプリの組み合わせで無限の可能性を秘めているコンピュータだ。だが、あまりにも「できること」が多いために、どんなことをメインして活用すべきなのか、見えにくいというのも事実。そこで、仕事における日常的なプロセスを6つのキーワードに分け、それぞれの過程でMacBookをどのように活用できるかをイメージしてみよう。

1 入力

MacBookを「最高のデジタル文具」に
打ちやすいキーボードと機動性を兼ね備えたMacBookは、まさに究極のステーショナリー。本格的なテキスト入力から日常的なメモ作成、またiPadがあるなら便利なSidecarでApple Pencilも入力ツールとなる。

2 情報収集

ネット上のあらゆる情報を集約させる
MacBookをネットに接続し、SafariやChromeの強力な機能を利用してWebから有益な情報を入手しよう。またYouTubeや各種SNSなどからも重要な情報をピックアップできる。

3 編集

ビジネスをクリエイティブにこなす
MacBookを使えば、ノートアプリやPDFをはじめとしたビジネスに必要なドキュメントも、快適にスタイリッシュな形で作成することができる。動画編集も時間をとられすぎることなくスムーズに行うことが可能だ。

4 整理

散逸しがちな情報をMacBookで整理整頓!
ウィンドウが開きまくって収拾のつかないデスクトップや、整理されておらずファイルの探せないFinder……情報の混乱は仕事の効率を大幅に低下させる。MacBookを駆使して、埋もれた情報を「生きた情報」に蘇らせよう。

5 効率化

効率化アプリで無駄な時間を削ぎ落とす
今までは「そういうものだ」と思って行なっていた単純な作業も、アプリを使えば革命的に作業を効率化できる。ひとつひとつは小さな時短でも、積み重ねることで大きな利益を生み出すことも可能だ。

6 管理

MacBookがあなたの仕事環境をマネジメント
ビジネスにおいて、時間やタスクの管理は必須条件。メールやスケジュール、ToDoをMacBookで集中管理したり、日々の時間の使い方を記録することで、今取るべき行動・考えるべきことが見えてくる。

今、仕事で使える MacBookは これだ！

M1 MacBook Airか M1 MacBook Proの どちらが良い？

2020年秋、13インチMacBook Airシリーズと13インチMacBook Proシリーズで新しいモデルが登場した。両モデルで共通して注目を集めているのがApple純正のMacのために設計された「Apple M1システムオンチップ（通称：M1チップ）」だろう。

詳細は52ページで解説するが、M1 Macモデルは、低価格ながら圧倒的にこれまでのMacモデルよりも動作が速くなっている。ChromeやAdobe系のグラフィックソフトなど負担の大きなアプリを同時に使っていてもサクサクと動く。アプリ切り替え時もまるでiOSアプリを利用しているかのようにもたつくことがない。実感としては、M1 Macを使えば、メモリやSSDの増設コストを考える必要がなくなる印象だ。

こうした点から、クリエイターやビジネスユーザーにとってコスパ最高のMacBookは、13インチのMacBook Airシリーズといえる。価格は104,800円（税別）で、同じM1チップ搭載の13インチMacBook Proと比べて3万円も差が開く。さらに、学生や教職員であれば

93,800円（税別）で購入することが可能だ。サイズこそ同じだがMacBook Airのほうが約0.1Kg軽いため持ち運びやすいというメリットもある。

なお、現在のところ16インチのMacBookシリーズにおいて、M1チップ搭載のモデルは登場していない。画面の大きな16インチにこだわるユーザーなら、M1チップ搭載16インチモデルが出るまでもう少し待っても良いだろう。

ここが ポイント
- 両モデルともコスパは高くおすすめ！
- 両モデルとも高速なApple M1システムオンチップ搭載
- 負担の大きなアプリを使わないなら13インチMacBook Air

コスパ最高の最新MacBookモデルは「13インチMacBook Air」に決まり！

新しいM1 Mac Book Airは
前世代とどこが変わったのか?

M1チップ搭載の
初のMacBook Airシリーズ

　M1チップ搭載の新MacBook Airは外観に関しては以前のIntelモデルと大きな変化は見られない。薄く軽量で一枚のアルミニウム板から出来た筐体だ。Proと異なるのは手前が薄めで奥ほど厚みが増すくさび型のウェッジフォルムになっていることだ。

　サイズは前モデルと同じだが、重量のみ以前に比べ0.04kg重い1.29kgとなっている。この程度であれば持ち運びに違和感を感じたり、カバンに収まらなくなるなどのトラブルが生じることはないだろう。ディスプレイは前モデルと変わらない2,560 x 1,600ピクセル標準解像度のRetinaディスプレイとなっている。

高さ:0.41〜1.61cm、幅:30.41cm、奥行き:21.24cm、重量:1.29 kg。

不具合多発で復活した
シザー式のMagic Keyboard

　以前のモデルとの外観における最大の変化はキーボード部分だろう。以前のMacBook Airモデル (2019、2018) ではバタフライキーボードが採用されていた。このキーボードはキーボードモジュールを薄型化でき、キーのどの位置から打ってもしっかり打ち込める利点があったが、ホコリや異物が入り込んだ際に深刻な不具合が多数発生したため、以前のシザーキーボードを改良したものに変更された。ストロークの深いキー感触が好きでバタフライになじめなかったユーザーにもおすすめだ。

　キーボード右上端にはTouch IDが用意されており、指紋認証でロック解除や一部のアプリケーションのサインイン、Apple Payを使った支払いができる。

バックライト付きなので暗い場所でも打ちやすい。MacBook AirにはProと異なりTouch Barは搭載されていない点に注意。

処理能力やバッテリー効率が
大幅に向上
ハードディスク容量は倍増

　M1チップのCPU処理能力は以前より最大2倍高くなっており、グラフィックスの処理能力も最大80パーセント高い。これにより、通常のアプリだけでなく、ゲームの映像処理など負担の高いアプリでも問題なく利用できる。

　また、M1チップはバッテリー効率が大幅に向上しており、Intelチップ搭載のMacBook Air (2020年モデル) と比較すると約50%ほどバッテリー持続時間の延長が確認されている。具体的にはIntelモデルでは最大10時間ほどしかインターネットが利用できないが、M1モデルでは最大15時間のインターネットが利用できる。

これまで搭載されていたIntel製チップとはまったく異なるアップル独自設計で、開発されたM1チップ。並外れた性能と電力効率を発揮する。

拡張性と本体側面は
以前のモデルと変わらず

　本体側部には左側に、M1 Macモデルが搭載された最新規格Thunderbolt／USB-Cポートが2つ搭載されている。しかし、充電にひとつ使うので、実際に利用できるポートは1つとなるため、別途USB-Cハブを用意しておいたほうがいいだろう。なお右側側部には3.5mmのヘッドフォンジャックが備えられている。

Air、Proともに側面部は同じ。Thunderbolt／USB-Cはデータ転送、充電、ビデオ出力をすべて1つのポートでできるよう設計されている。

Mac史上初のWi-Fi6に対応
高速なインターネット

　M1 MacBookモデルはAir、Proともに「Wi-Fi6」に対応している。Wi-Fi6とは、現在標準化が進められている新しい第6世代の無線LAN通信規格のひとつで、簡単にいえば5G時代のインターネットに対応したモデルといえる。最大通信速度が9.6Gbpsで、理論上前世代の6.9Gbpsに比べて3Gbps高速になる予定だ。

Wi-Fi6の正式名称は802.11ax。IEEE 802.11a/b/g/n/acに対応している。

MacBook Proとは
何が違うのか?

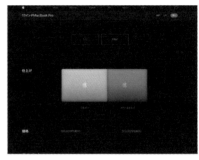

13インチMacBook Proは購入時に「M1」チップにするか「Intel」チップにするか選択できる。

キーボードやIntelチップが使える点がAirとの大きな違い

　新しく発売された13インチのMacBook ProにもM1チップが搭載されている。Airと価格が約3万の開きがあるが、サイズはAirと全く同じで、重量はProが1.40kgで0.1kgほど重い程度。側面に付属しているポート数も同じく、Thunderbolt／USB-Cポートが2つあるだけで、一見するとAirとの違いがよくわからない。Retinaディスプレイや4つの高性能コアと4つの高効率コアを搭載した8コアCPUのM1チップなど内部パーツもほとんど同じだ（GPUのコア数のみAirの256GBモデルが1つ少ない）。なお、カラーはシルバーとスペースグレイのみでゴールドは用意されていない。

Touch Barを搭載しているのはProモデルのみ

　では、Airとどこに違いがあるのかといえば、その1つはキーボードだ。Proのキーボードはシザー式のMagic Keyboardという点では同じだが、ファンクションキーの代わりにTouch Barが標準仕様となっている。これまでTouch Barをうまく使いこなしてきたユーザーならProを選択するといいだろう。なお、Touch Barは21年に廃止の噂がある。

　また、16インチよりもかなりコンパクトになるため、軽くて持ち運びしやすい。カフェなど出先のスペースの狭いと

ProとAirの価格差はほぼTouch Barの有無にあるということになる。要らないならProを選択する必要はほとんどないだろう。

ころで作業をすることが多いという人にもおすすめだ。

Proには冷却ファンが実装されている

　ProとAirの仕様上の大きな違いとして、ほかには冷却ファンの有無が挙げられる。冷却ファンを搭載したProは、ピークパワーに達した際にAirのようにパフォーマンスを低下させず維持でき、また発熱を抑えられる点が大きなメリットだ。動画編集や3DCGのレンダリングなど長時間かけて作業を行う必要があるユーザーなら、Airよりも冷却ファンを搭載したProを選んだ方がよいだろう。

Intel製モデルが選択できるのがProのメリット

　ほかに、13インチMacBook ProはM1チップだけでなく従来のIntel製モデルも用意されている。現在、M1チップ環境だとWindowsOSやサードパーティ製ア

プリなどうまく動作しないプログラムも報告されているので、汎用性を重視するならIntel製の13インチMacBook Proを選択するといいだろう。Thunderbolt 3（USB-C）ポートが4つある点も魅力だ。

　ただし、Intel製モデルは最安でもM1モデルよりも5万円ほど高い点に注意しよう。

バッテリー効率やオーディオにちょっとした差がある

　また、バッテリー効率はProのほうがよく、Airよりも2時間ほどインターネットや映像再生ができる仕様になっている。オーディオはAirが標準のステレオスピーカーだが、Proはハイダイナミックレンジステレオスピーカーで非常に高音質な音を出力できる。ほかに同梱物の電源アダプタが61W USB-C電源アダプタとなっており、30W USB-C電源アダプタのAirよりも効率よく充電できる。

	MacBook Air 13インチ	MacBook Pro 13インチ
価格	104,800円（税別） カスタムにより価格変動	134,800円（税別） カスタムにより価格変動
カラー	ゴールド、シルバー、スペースグレイ	シルバー、スペースグレイ
CPU	Apple M1チップ　4つの高性能コアと4つの高効率コアを搭載した8コアCPU	Apple M1チップ　4つの高性能コアと4つの高効率コアを搭載した8コアCPU 8コアGPU（Intelチップに変更可能）
バッテリーと電源	最大15時間のワイヤレスインターネット 最大18時間のApple TVアプリのムービー再生 49.9Whリチウムポリマーバッテリー内蔵 30W USB-C電源アダプタ	最大17時間のワイヤレスインターネット 最大20時間のApple TVアプリのムービー再生 58.2Whリチウムポリマーバッテリー内蔵 61W USB-C電源アダプタ
重量	1.29kg	1.4kg
メモリ	8GB オプション:16GBメモリに変更可能	8GB オプション:16GBメモリに変更可能
ストレージ	256GB SSD オプション:512GB SSDに変更可能	256GB SSD オプション:512GB、1TB、2TB SSDに変更可能
Touch Bar	なし	あり
共通項目	Retinaディスプレイ 2つのThunderbolt/USB 4ポート シザー式バックライトMagic Keyboard Touch IDセンサー ヘッドフォン	

画面の大きな16インチにこだわるなら
MacBook Pro

高スペックや汎用性を求めるならIntel製チップのMacも検討しよう

M1チップ搭載モデルのMacBookシリーズは、現在13インチモデルしか販売されていない。仕事上、画面の大きな16インチの大画面が必要という人は、2019年秋に発売されたMacBook Proを選択するのもいいだろう。

16インチのMacBook Proは、おもに映像制作やCG制作を行うクリエイター向けの仕様となっており、Intel製チップではあるがそのパフォーマンス性が格段に高く、M1チップにまったく劣らない。

最新M1 MacBook Proモデルより優れた唯一の利点は、Thunderboltポートを4つ備えていること。拡張機器をたくさん利用したいユーザーは16インチを選択したほうがよいだろう。

ただし、M1 Macモデルに搭載されているThunderbolt／USB 4と異なり、一世代古いThunderbolt 3となる。また、バッテリー駆動時間はインターネットやビデオ再生で最大11時間とM1 Macと比べるとかなり短くなる点にも注意しよう。

Intel版の13インチMacBook Proと同じくThunderbolt 3のポートが左右側面に2つずつ、合計4つ備えている。またヘッドフォンポートも用意されている。

う。

なお、キーボードはシザー式のMagic KeyboardでTouch BarとTouch IDを備えており、M1 Macと同じ仕様。カラーは、シルバーとスペースグレイのみでゴールドは用意されていない。

上位モデルと下位モデルの違いは何なのか?

アップルの公式サイトで販売されている16インチモデルには上位モデル（288,800円・税別）と下位モデル（248,800円・税別）が用意されており、M1 Macモデルと比べると10万以上差が出る点に注意したい。また、上位モデルと下位モデルでおよそ4万の価格があるが、この価格差はCPU、GPU、SSDから生じている。

特にCPUは価格やパフォーマンス性を分ける重要な要素だ。上位モデルのCPUは8コアIntel Core i9プロセッサに対し、下位モデルは6コアIntel Core i7プロセッサでコア数が異なる。コア数の違いは処理速度に影響を与え、ベンチマークスコアでも上位モデルと下位モデルでは大きな性能差が確認されている。3DCGのレンダリング作業や動画のエンコード作業など長時間かけて作業を行うなら、大きなファンを搭載し、パフォーマンス性の高い上位モデルがおすすめだ。

GPUは上位モデルはRadeon Pro5500Mシリーズ、下位モデルはRadeon Pro5300Mシリーズとなっており若干仕様は異なるがそれほど差異はないと思ってよいだろう。

SSDのストレージ容量は下位モデルは512GB、上位モデルは1TBが最低ラインとなっている。ただし、下位モデル選択時にストレージ容量を上位モデルと同じ最大8TBまで増設できる。

13インチMacBook Proは購入時に「M1」チップにするか「Intel」チップにするか選択できる。

	下位モデル	上位モデル
価格	248,800円（税別） カスタムにより価格変動	288,800円（税別） カスタムにより価格変動
CPU	第9世代の2.6GHz 6コアIntel Core i7プロセッサ Turbo Boost使用時最大4.5GHz	第9世代の2.3GHz 8コアIntel Core i9プロセッサ Turbo Boost使用時最大4.8GHz
GPU	AMD Radeon Pro 5300M (4GB GDDR6メモリ搭載)	AMD Radeon Pro 5500M (4GB GDDR6メモリ搭載)
メモリ	16GB 2,666MHz DDR4メモリ オプション:32GBまたは64GBメモリに変更可能	16GB 2,666MHz DDR4メモリ オプション:32GBまたは64GBメモリに変更可能
ストレージ	512GB SSD オプション:1TB、2TB、4TB、8TB SSDに変更可能	1TB SSD オプション:2TB、4TB、8TB SSDに変更可能
そのほか 共通項目	Retinaディスプレイ 4つのThunderbolt 3ポート Magic Keyboard Touch Bar Touch IDセンサー	

通知センターで
ウィジェットを編集できる

新macOS
「Big Sur」
で追加された
新機能!

2020年11月、Macの新OS「macOS Big Sur」がリリースされた。以前のmacOSと大きく異なる洗練された新しいデザインに注目が集まりがちだが、さまざまな新機能も追加されている。ここでは、特に作業効率に便利な機能を紹介していこう。

1 通知センターを表示する

通知センターを表示するには、メニューバーの日付と時計をクリックするか、画面左端から右へスワイプしよう。通知がない場合はウィジェットのみ表示される。

2 アプリごとに通知設定を変更する

通知を右クリックすると表示されるメニューからそのアプリの通知頻度をカスタマイズできる。「目立たない形で配信」にすると、通知センターに表示されるが、バナーや通知音はでなくなる。

1 ボイスメモを起動して「編集」を開く

ボイスメモを起動すると同じApple IDでログインしているiPhoneやiPad内のボイスメモが同期され表示される。編集するにはファイルを選択して「編集」をクリック。

2 音質改善機能をクリックする

編集画面に切り替わる。音質改善機能を利用するにはウィンドウの右上にある音質改善機能アイコンを一度クリックしよう。自動的に音質を改善してくれる。

ボイスメモが高機能に!
編集やノイズ除去もできる

Big Surではメニューバーの日付または時刻をクリックしたときに表示される通知センターのインターフェースとデザインが一新されている。

以前の通知センターは「ウィジェット」エリアと「通知」エリアがタブで分けられていたが、Big Surでは1つに統一され、最新の通知が一番上に表示され、その下にウィジェットが表示される。ウィジェットを使えばアプリを起動しなくても、カレンダー、天気、最新ニュースのヘッドラインなどをデスクトップから直接確認できる。

ウィジェットは、ドラッグで自由に位置を変更したり、右クリックからサイズや機能をカスタマイズすることができる。サイズは「小」「中」「大」で変更することができる。

また、ウィジェット編集メニューから標準で用意されている以外のウィジェットを検索して追加することができる。

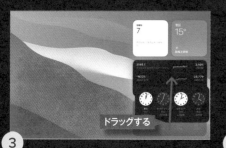
ドラッグする

3 ウィジェットの位置を変更する

ウィジェットはドラッグすることで自由に位置を変更することができる。サイズを変更したい場合は、右クリックして変更したいサイズにチェックを入れよう。

右クリックして「○○を編集」を選択する

4 ウィジェットの設定を変更する

各ウィジェットの設定を変更する場合は、右クリックして「○○を編集」をクリックしよう。そのウィジェットの設定画面が表示される。

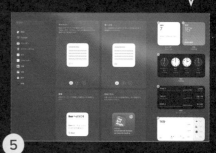

仕事に適したウィジェットを探そう!

5 ウィジェットを追加する

他のウィジェットを追加したい場合は、通知センターの一番下にある「ウィジェットを編集」をクリックして、追加したいウィジェットを選択しよう。カテゴリやキーワード検索で探すこともできる。

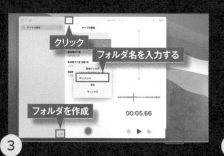
クリック
フォルダ名を入力する
フォルダを作成
00:05.66

3 サイドバーを表示してフォルダを作成する

フォルダを作成するには画面左上のサイドバーボタンをクリックしてサイドバーを表示される。フォルダ追加ボタンをクリックして新規フォルダ名を入力しよう。

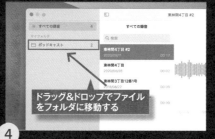
ドラッグ&ドロップでファイルをフォルダに移動する

4 ファイルをフォルダに分類する

録音したファイルを作成したフォルダにドラッグ&ドロップで分類していこう。フォルダは複数作成できる。フォルダを削除する場合は対象のフォルダを右クリックして「フォルダを削除」を選択しよう。

iOSデバイスと連携して使うのがおすすめ!

---

macOSには以前から音声を録音するボイスレコーダーアプリ「ボイスメモ」が搭載されている。録音した音声はiCloud経由でiOSデバイスのボイスメモアプリと同期することができる。Macで直接録音できるが、どちらかというとiPhoneで録音したものをMac上で視聴したり編集するのが一般的な使い方だろう。

ボイスメモはBig Surのアップデートでさまざまな新機能が追加されたが、中でも「音質改善」機能に注目集まっている。アップルによれば、1度クリックするだけでバックグラウンドのノイズやエコーを低減でき、ポッドキャストを行っているユーザーに特に有効だという。

整理機能ではよく使う項目、フォルダ、スマートフォルダなどを使って録音した各種ファイルを分類できるようになった。お気に入りの録音ファイルはよく使う項目に登録しておけば、いつでもすぐに再生できる。

マップアプリがレベルアップ！ルックアラウンドがすごい

虫眼鏡アイコンをクリック

クリックすると向いている方向に移動する

マウス左ボタンを押しながらドラッグする

今後は電気自動車や自転車の経路も表示される予定！

1 ルックアラウンドボタンをクリック

マップアプリを起動後、ルックアラウンドを起動したい場所をクリックしたら、メニューバーの虫眼鏡アイコンをクリックしよう。

2 ルックアラウンドが起動する

マップ左上にルックアラウンドの画面が表示され、マップ上に虫眼鏡アイコンが表示される。マウスの左ボタンを押しながらドラッグすると方向転換したり、移動することができる。

コントロールセンターのアイコンをクリック

iPadを選択してSidecarを起動する

1 コントロールセンターを起動する

メニューバーに新しく追加されたコントロールセンターのアイコンをクリックするとコントロールパネルが開く。外観はiPhoneのコントロールセンターと似ている。

2 Sidecarの起動も素早く行える

「ディスプレイ」項目を開くと輝度の調整だけでなく、ダークモードやNightShiftのオン、オフも可能。Sidecarとして利用できるiPadをクリックして素早く起動できる。

3 キーボードの輝度の調節ができる

Mac版とMacBook版ではコントロールセンターの表示項目が異なる。MacBook版にはキーボードの輝度の調節やバッテリーなどの項目がある。

iOSでおなじみのコントロールセンターが追加された

Mac標準搭載の地図アプリ「マップ」がアップデート。Googleストリートビューとよく似た機能「ルックアラウンド」が追加された。地点をクリックして指定したあとルックアラウンドボタンを押すと、その周囲360度を写真で見渡すことができる。また、その位置から移動しながら周囲の風景写真を変更させることも

できる。また、ルックアラウンドを全画面表示に切り替えることで、臨場感あふれる3Dで表示されインタラクティブな操作で動き回ることが可能だ。Googleストリートビューよりも移動時の写真切り替えがスムーズで、写真も美しい。

ほかにも、さまざまな新機能が増えており、有名な空港やショッピン

グセンターなら屋内の経路を確認できる。ゲートの近くにあるレストランを確認したり、トイレを探したり、モールの場所を探すことが可能だ。自転車での経路も検索できるようになっているが、日本ではまだ対応していない。

マウス左ボタンを押しながらドラッグして方向転換

クリックして前進

3

ルックアラウンドを全画面化する

ルックアラウンド画面左上にある拡大ボタンをクリックすると全画面化する。マウス左ボタンを押しながらドラッグで方向を切り替え、クリックで前進する。

地名や建物名を入力する

クリックすると全画面で起動する

4

地名を検索してルックアラウンドを起動する

サイドバーの検索ボックスに地名や建物名を入力すると、検索結果画面にルックアラウンドが表示される。クリックすると全画面でルックアラウンドが起動する。

5

建物の内部のルートを調べる

建物の中には内部のルートや店舗情報が表示されることもある。有名な空港や大都心のショッピングセンターであれば対応していることが多い。

「コントロールセンターに表示」にチェックを入れる

4

コントロールセンターのカスタマイズ

「設定」の「Dockとメニューバー」からコントロールセンターの表示項目のカスタマイズができる。「その他のモジュール」で標準では表示されていない項目を追加できる。

5

コントロールセンターからメニューバーに追加する

コントロールセンターに表示されている項目をメニューバーにドラッグ&ドロップするとアイコンを追加できる。

メニューバーのカスタマイズもコントロールセンターからできる!

Wi-FiやBluetoothのオンオフ、ディスプレイの輝度やボリュームの変更などをまとめて管理できる「コントロールセンター」が、MacでもBig Surから追加された。iPhoneやiPadのコントロールセンターと似ており、クリック1つで各種設定が変更できる。

コントロールセンターはデスクト

ップ右上にあるメニューバーにアイコンとして追加されておりクリックすると起動する。管理できる項目はiOSとほとんど同じだが、Sidecarの起動や解除がディスプレイの項目から素早くできるのが便利だ。ほかに、ダークモードやNightShiftなどの切り替えも行える。

また、「設定」画面に新しく追加さ

れた「Dockとメニューバー」からコントロールセンターのカスタマイズができる。標準では表示されていないアクセシビリティ、バッテリー、ファストユーザースイッチを追加することも可能だ。ただし、現在は標準で表示されている項目の削除、位置の変更などはできない。

本書の使い方

アプリの入手方法について

本書で紹介しているアプリには、Mac App Storeで扱っているアプリと、外部のサイトからダウンロードするタイプのアプリの2種類があります。Mac App StoreのアプリはMacのApp Storeアプリでカテゴリから探すか、検索窓にアプリ名を入力して該当のアプリをインストールしてください。外部サイトのアプリは掲載してあるURLより、ダウンロード→インストールが可能になります。

Mac App Storeのアプリ

Magnet マグネット

作者／CrowdCafe
価格／無料
カテゴリ／仕事効率化

外部サイトのアプリ

Spectacle

作者／Eric Czarny　価格／無料
URL／https://www.spectacleapp.
com

もっと基本的なことを知りたい場合は

本書は、ある程度MacBookを使った経験がある人に向けて編集していますので、スペースの都合上、MacBookの基本的な情報は網羅できbut ておりません。MacBookの扱い方の基本は、Webで無料で閲覧できる「MacBookの基本」シリーズを読むのがオススメです。以下のURLにアクセスし、自分の機種に合った「○○の基本」を選びましょう。

https://support.apple.com/ja_JP/manuals

「MacBookの基本」のほかに、クイックスタートガイドやそれぞれの機種の情報を読むことができる。

弊社刊行の初心者向けMacマニュアル誌を読むのもオススメです。初めてMacをさわる人でも最短時間で使いこなせるようになることを目標にした本です。電子書籍でも読むことができます。

**はじめてのMac
パーフェクトガイド 2021**

価格：1,000円（税込み）
（発売・発行：standards）

WARNING!!

本書掲載の情報は、2021年2月15日現在のものであり、各種機能や操作方法、価格や仕様、WebサイトのURLなどは変更される可能性があります。本書の内容はそれぞれ検証した上で掲載していますが、すべての機種、環境での動作を保証するものではありません。以上の内容をあらかじめご了承の上、すべて自己責任でご利用ください。

本書は、オリジナルの記事の他に、2019年12月に発売した「MacBook仕事術! 2020」（スタンダーズ発行）の一部を改訂し、加筆修正した記事を含んでいます。

Chapter 1

入力

I N P U T

入力
INPUT

こんな用途に便利!

MacBookで会議の議事録を作成したい
→ Notedなら周囲の音声を録音できる

音源の重要な場所を素早く頭出ししたい
→ タイムスタンプをクリックすればすぐに頭出しできる

通常のメモツールとしても利用したい
→ 多機能なエディット機能を搭載している

録音機能が超便利な「Noted.」で議事録を作成する

音声録音機能を搭載した議事録の書き起こしに便利なメモアプリ

Macには標準でちょっとしたことをメモするのに便利な「メモ」アプリが搭載されているが、会議の議事録作成やインタビューの書き起こしなど周囲の音声を録音してメモする機会が多いなら「Noted.」に乗り換えよう(以下、Notedと表記)。

Notedは思いついたことやウェブサーフィン中に見つけた記事をサクッとメモしておきたいときに便利なメモアプリ。外観や使い方はやメモやEvernoteと似ており、作成されたメモは最近更新されたメモが上から順番に表示されていく。iOS版もリリースされておりiCloudを通じてメモを同期することができるので、外出中でもメモを作成したり、Macで作成したメモを確認することが可能だ。

ほかのメモと最大に異なる点は高度な録音機能を備えていること。メモ作成画面の中央にある録音ボタンをクリックするとMacの内蔵マイクを使って周囲の音声を録音することができる。一時停止しての再開録音も可能なので、細切れの録音ファイルが作成されることがない。特に便利なのは録音中にテキスト入力するとタイムスタンプが自動作成されること。タイムスタンプをクリックすればすぐに目的の箇所にスキップできる。

録音した音声は、再生速度を0.25倍から2倍の間で自由に変更して再生できるので、録音内容を書き起こしするにも役立つだろう。m4a形式で外部にエクスポートすることも可能だ。

Noted.
作者／Digital Workroom Ltd
価格／無料
カテゴリ／仕事効率化

Notedのインタフェースをチェックしよう

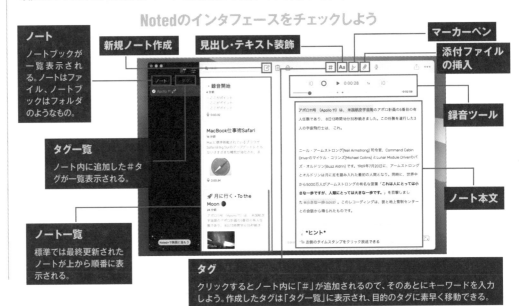

ノート
ノートブックが一覧表示される。ノートはファイル、ノートブックはフォルダのようなもの。

新規ノート作成

見出し・テキスト装飾

マーカーペン

添付ファイルの挿入

録音ツール

ノート本文

タグ一覧
ノート内に追加した#タグが一覧表示される。

ノート一覧
標準では最終更新されたノートが上から順番に表示される。

タグ
クリックするとノート内に「#」が追加されるので、そのあとにキーワードを入力しよう。作成したタグは「タグ一覧」に表示され、目的のタグに素早く移動できる。

Notedの録音機能を使って議事録を作成しよう

1 新規ノートを作成して「録音」をクリック

新規ノートを作成したら、まずはノートの見出しを入力する。Enterキーを押して本文にカーソルを移動させる。上部にある「録音」をクリックしよう。

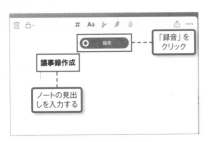

「録音」をクリック

議事録作成

ノートの見出しを入力する

2 重要な部分にタイムスタンプを付ける

録音が始まる。録音中、あとで聞き返したい重要な発言があった場合は、本文にテキストを入力する。するとその時間帯のタイムスタンプが作成される。

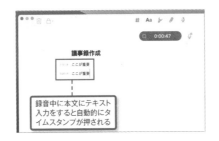

議事録作成
ここが重要
ここが重要

録音中に本文にテキスト入力をすると自動的にタイムスタンプが押される

3 録音の停止と再開

録音を一時停止したい場合は、録音ボタンをクリックする。左にある「○」ボタンをクリックすることで録音を再開できる。

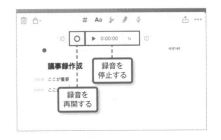

議事録作成
ここが重要
ここが重要

録音を停止する

録音を再開する

有料版を購入すれば さらに音声機能が 強力になる

　Notedはそのままでも十分に便利だが、アプリ内課金を行うことでさらに機能を拡張することができる。録音した音声の早送りや巻き戻しをする際、標準は10秒単位でのスキップになるが有料版では10〜60秒間の好きな単位を指定できる。

　録音する際の音質を向上する機能も多数用意されている。標準のサンプルレートは44,100Hzに固定されているが有料版ではサンプルレートをカスタマイズすることができる。また、ノイズ減少機能を利用することができるようになる。これは録音する際、周囲の雑音をできるだけ除去したいときに便利だ。ほかに、オーディオイコライザーを使って録音する音声を調節することもできるようになる。

　有料版は一週間無料で試用でき、その後は月間購読料150円となっている。まずは無料で試用してみて、気に入ったら購読するといいだろう。

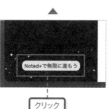

有料版にアップグレードするには、画面左下の「Noted+で無限に進もう」をクリック。「無料でお試しください」をクリックしてグレードアップしよう。

録音の音質や設定を変更するには設定画面を開く。「録音」タブを開き「録音品質」でサンプルレートをカスタマイズできる。

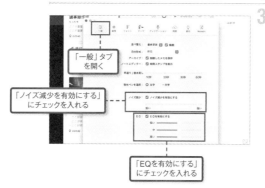

「一般」タブを開く。「ノイズ減少を有効にする」にチェックを入れてノイズを軽減できる。「EQを有効にする」にチェックを入れて、イコライザの調節ができる。

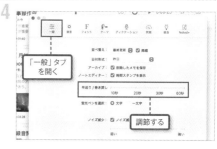

早送り、巻き戻し時のスキップ時間を変更する場合は「一般」タブを開き、「早送り/巻き戻し」で調整しよう。

ここがポイント
iOS版と連携させよう

Notedはもともとi OS用に作られたノートアプリ。そのため、iPhoneやiPadを所有しているユーザーはiOS版もインストールしておくといいだろう。Macが持ち込めない場所で録音作業をする場合は、iPhoneやiPad版で音声を録音したあと、iCloudで同期してMac上でノート編集するという方法がおすすめだ。

外部で録音するだけならiOS版の方がコンパクトで使いやすい。

---

4 タイムスタンプをクリックする

作成したタイムスタンプをクリックすると、その場所にスキップできる。なお、シークバーを特定の時間位置に移動させたあとにテキスト入力してもタイムスタンプは作成できる。

5 タイムタグを付ける

上部メニューのタイムタグボタンをクリック。「#」付きのタイムスタンプが作成されるので、その音声部分と関係するわかりやすいキーワードを入力しよう。

6 タイムタグのタブを開く

作成したタイムタグは「タグ」タブをクリックすると一覧表示される。タグをクリックすると該当するノートを瞬時に開いてくれる。

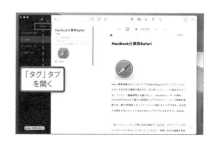

こんな用途に便利!

iPhoneを使って書類スキャンができる
→ iPhoneで撮影した書類をすぐにメモに添付できる

文字スタイルや検索機能が強化
→ より効率的に作成したメモを管理・処理できる

ワープロ並に使えるMac版メモアプリ
→ テキスト装飾、校正、装飾などができる

さらに便利になった「メモ」アプリの機能を徹底チェックしよう

iOSのカメラとの連携性がさらに強化されている

「メモ」は、思いついたことをメモしておくのに便利なアプリ。iPhoneやiPadの「メモ」とほぼ同じ仕様で、作成したメモをiCloudを通していつでもどこでも閲覧できるシンプルで便利なアプリだ。

iPhoneやiPadの「メモ」に比べるとMac版「メモ」の大規模なアップデートはここ最近見られないが、少しずつだが毎年改良されている。新macOS Big Surでもいくつか新機能が追加されているのでチェックしよう。

検索結果の上部に「トップヒット」という項目が追加された。これは検索しているものと最も関連性が高いと判断された

ものを自動表示してくれ、必要なものが素早く見つかる。

また、iPhoneやiPadのカメラとの連携が強化されている。iPhoneやiPadを使って撮影した画像が一段と鮮明になり、素早くメモに貼り付けることができる。おもに紙の書類を添付したいときに便利な仕様になっており、自動トリミング機能できれいに余計な部分を除去して

Macに転送することが可能だ。

そのほかに、文字スタイルが増えており、「Aa」ボタンをクリックすると、より多くのテキストスタイルとフォーマットのオプションを指定できるようになった。

メモ
作者 アップル
Mac標準アプリ

---

iOSとのカメラ連携が強化

iPhoneやiPadのカメラで撮影した写真を読み込む際に、より鮮明にレタッチしてくれるようになった。

検索結果に「トップヒット」が追加

目的のファイルを見つけやすくできるように、検索結果画面上部に「トップヒット」という項目が追加された。

文字スタイルの追加

「Aa」ボタンをクリックして表示される画面から打ち消し線や太字などの装飾をかけられるようになった。

新しくなったメモを使ってみよう

1 書類をスキャンしてメモに貼り付ける

書類をiPhoneでスキャンしてMacのメモアプリに貼り付けるには、メニューの「ファイル」の「iPhoneまたはiPadから挿入」から「書類をスキャン」を選択する。

「書類をスキャン」を選択する

2 書類を撮影する

iOSデバイス側でカメラが起動する。このカメラは「カメラ」アプリのカメラではなく、「メモ」アプリから起動するカメラの画面だ。書類を撮影しよう。

書類を撮影する

3 書類をレタッチする

撮影後、レタッチ画面が表示される。切り抜き、色調補正、回転などのレタッチができる。レタッチが終わったら「完了」をタップしよう。

❷「完了」をタップする

❶書類をレタッチする

チェックリストや検索機能もアップデートされている

Big Sur以前のOSのCatalinaでも「メモ」はさまざまな箇所がアップデートされている。おさらいしておこう。「メモ」のチェックリスト機能が強化され、作成したチェックリストをドラッグ＆ドロップで並び替えられるようになった。また、チェック済みにした項目は自動的にリストの下へ移動するようになっており、これら並び替え機能を使いこなせば優先順位の明確なチェックリストが一目瞭然となる。

メモの検索機能も大幅に強化されている。これまではテキストやタイトルしか検索できなかったが、検索ボックスをクリックすると「スキャンした所有メモ」「添付ファイル付きメモ」「ロックされたメモ」などのメモの種類が書かれたメニューが表示される。表示されたメニューから目的のものを選択すると、その種類のメモだけをフィルタリング表示することが可能だ。

ドラッグして移動する

チェックリストの丸い部分を上下にドラッグすると移動させることができる。優先的な項目を上位に配置しよう。

チェックを付ける

メニューバーから「環境設定」画面を開き、「チェック済み項目を自動的に並べ替える」にチェックを入れよう。チェックリストでチェック済みにすると自動的にリスト一番下に移動する。

チェックを付けると一番下に移動する

1 2
3 4

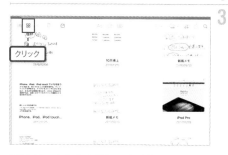

クリック

リストビューに加えて、「ギャラリー」表示ではサムネイルで一覧できるようになった。視覚的にファイルがどこにあるかわかる。

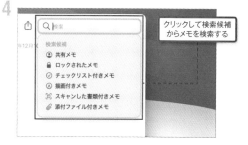

クリックして検索候補からメモを検索する

検索ボックスをクリックすると「検索候補」が表示され、共有メモ、ロックされたメモ、描画付きメモなど検索条件を指定してメモを検索できる。

ここがポイント

フォルダやファイルをほかのユーザーと共有する

共同編集機能が強化されており、Catalina以降、ファイルだけでなくフォルダ単位でほかのAppleユーザーとメモを共有できるようになっている。共有相手がフォルダ内容を閲覧するだけでなく、内容を編集することもできる。閲覧のみか、もしくは編集もできるようにするかはオーナー側が設定できる。共有したいフォルダを右クリックして「共有」を選択してアクセス権で「参加した人のみ変更できます」に設定しよう。

「参加した人のみ変更できます」に指定する

---

4 Macのメモに即転送される

するとMacのメモアプリに撮影した書類が添付され表示される。

5 スケッチを追加する

iPhoneやiPadのメモで利用できる手書きのスケッチを追加することもできる。ファイルメニューから「スケッチを追加」を選択しよう。iOSデバイスでスケッチ画面が起動する。

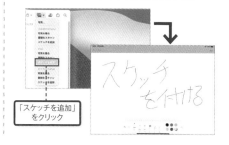

「スケッチを追加」をクリック

「メモ」アプリ以外でもiPhoneやiPadから直接読み込める

Mac上から、iPhoneやiPadのカメラを操作して撮影してすぐにインポートする機能は、「メモ」アプリだけでなく「メール」アプリや「テキストエディット」でも利用することができる。メモと同じく「メニュー」の「ファイル」から「iPhoneまたはiPadから挿入」から操作を行おう。

iPhoneまたはiPadから挿入

「メモ」アプリをWordのように使いこなそう

WordやPagesアプリに劣らぬ充実したMac版の「メモ」アプリ

「メモ」アプリはその名称からちょっとしたメモを取るのに便利なアプリと思われがちだが、Mac版「メモ」アプリは実際は非常に多機能だ。

特に便利なのは装飾機能だろう。Mac版ではテキストに対して、ボールド、アンダーラインなどの基本的な装飾に加えてフォントパネルを使ってカラーを変更することができる。またフォントサイズやフォントの種類も変更することが可能だ。なお、Big Surではこれらを装飾ツールバーの「Aa」ボタンから操作できる。範囲選択した箇所にリンクを追加することもできる。変更した内容はiPhoneやiPadの「メモ」アプリにも反映される。

また、ExcelやNumbersのような表作成機能を搭載しており、作成した表のセル間はTabキーや矢印キーを使って素早く移動できる。表内には数字やテキストを入力してデータ管理を行えるほかiWorkで作成した表やExcelやSafariで表示している表をコピー＆ペーストできる。なお、ペーストした際、セル内の等幅や小見出しなどの名前付きスタイルは削除される点には注意しよう。

フォントサイズやカラーを変更したい箇所を範囲選択して右クリックする。「フォント」から「フォントパネル」を選択する。

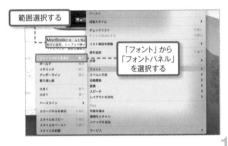

1

フォントサイズやフォントの種類を変更できる。メニューから「カラー」をクリックするとカラーパネルが表示され、カラーをカスタマイズできる。

2

テキストにリンクを挿入するには、メニューの「編集」から「リンクを追加」をクリック。リンク追加画面が表示されるのでURLを入力しよう。

3

表を作成するにはツールバーから表作成ボタンをクリック。2つの行と列の表が作成される。列や行を追加するには表の端にある「…」をクリックしよう。

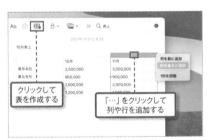

4

作成した表をコピー＆ペーストするには、表全体を範囲選択してメニューの「編集」から「コピー」を選択しよう。クリップボードに表がコピーされる。

5

SafariやPagesなど別のアプリで表示している表をコピーして「メモ」アプリに貼り付けることもできる。ただし、一部のフォーマットはサポートされておらず、書式は削除される。

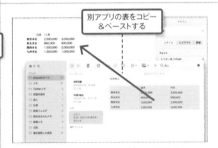

6

ここがポイント

二本指スワイプで素早くメモを操作する

トラックパッド上でメモタイトルを二本指で左へスワイプすると素早くゴミ箱へ移動したり、ほかのユーザーと共有することが可能だ。左側へ長くスワイプすると自動的にゴミ箱に削除される。また、右側へスワイプするとメモをピン留めすることができる。

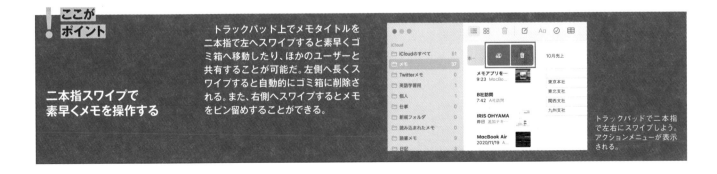

トラックパッドで二本指で左右にスワイプしよう。アクションメニューが表示される。

文字列一括変換や間違ったスペルの抽出など校正機能も豊富だ

Mac版「メモ」アプリにはワードやGoogleドキュメントなど文書作成アプリには欠かせない校正機能も豊富だ。

英語文章を入力していてスペルミスと思われる箇所があった場合は、該当する単語の下に赤線を引いて教えてくれる。さらに、引かれた赤線をクリックすると候補文字が表示され、クリックすると変換してくれる。

メモ内の特定の単語を別の単語にまとめて変換したい場合は一括変換機能を利用しよう。一括変換する方法は2つある。1つは右クリックメニューの「変換」を利用する方法で、ここでは大文字を小文字に変換したり、逆に小文字を大文字に変換できる。

もう1つはメモ内から指定したキーワードを検索し、該当する部分をハイライト表示したあと、指定した別のキーワードを指定して一括変換する方法だ。

クリックして単語選択する

スペルミスがあった場合はこのように単語の下に赤い線が引かれる。クリックすると変換候補が表示されるので適当な単語を選択すると変換される。

テキストを範囲選択して「変換」をクリック

大文字と小文字の変換を一括して行いたい場合は、テキストを範囲選択して右クリックして「変換」をクリック。変換項目が表示されるので適当なものを選択しよう。

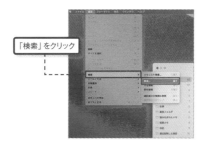

「検索」をクリック

キーワードを入力する

指定した文字列を別の文字列に一括変換したい場合は、メニューバーの「編集」から「検索」→「検索」をクリックし、ウインドウにキーワードを入力しよう。

❶「置き換え」にチェックを入れる
❷対象の文字列を入力する
❸「すべて」をクリック

検索対象文字を別の文字に一括変換したい場合は「置き換え」にチェックを入れる。下に表示される検索窓に置き換えたい文字列を入力して「すべて」をクリックしよう。

ここがポイント

重要なメモはピン固定して忘れないようにする

「メモ」アプリは標準設定だと、最近編集したメモの順で上から表示されるので、以前に作成した重要なメモをうっかり見落としがちになる。忘れるとまずい重要なメモはピン留めしておこう。ピン留めされたメモは、メモ一覧画面で常に一番上に表示されるようになるので、忘れることがない。

右クリックから「メモをピンで固定」を選択する

対象のメモを右クリックして「メモをピンで固定」をクリックしよう。

作成したメモを外部へ出力する

PDFとして出力したり共有からほかのアプリへ書き出せる

Mac版「メモ」アプリで作成した書類はPDF形式で書き出すことができる。ほかの人に作成したメモを送信したい場合はPDFで書き出そう。また、共有メニューからメール、メッセージにメモ内容を直接コピーすることもできる。テキストだけでなく添付しているファイルも共有することが可能だ。

1 PDFとして書き出す

PDF形式で出力する場合は、メニューの「ファイル」から「PDFとして書き出す」をクリックする。出力先を指定すればPDFとして保存される。

メニューの「ファイル」から「PDFとして書き出す」をクリック

2 共有からほかのアプリへコピーする

ツールバーやメニューの「共有」からメモ内容をメールやメッセージにコピーすることもできる。リマインダーに登録すればメモに通知機能を追加させることもできる。

「共有」からアプリを選択する

入力
INPUT

こんな用途に便利!

海外の顧客とメールのやりとりをする
→ 使用する原文を貼り付けるだけで簡単に翻訳できる

不自然のないきちんとしたメールを作成したい
→ DeepL翻訳ならネイティブに近い自然な文章を作成できる

文書ファイルを翻訳したい
→ WordやPowerPointファイルをアップロードしてまるごと翻訳できる

Google翻訳よりも高精度な「DeepL翻訳」を使おう

驚異的な翻訳精度と自然な文章が作れる新しい翻訳サービス

海外の顧客とメールでやり取りする際、多くの人は翻訳に頭を悩ませる。そこで入力した文章を自動的に翻訳してくれる翻訳サービスを使おう。自動翻訳サービスといえばGoogleが提供しているGoogle翻訳が最も有名だが、最近注目を集めているのが「DeepL翻訳」だ。

DeepL翻訳は人工知能システムを開発しているドイツのDeepL社が提供する機械翻訳サービス。2017年夏にインターネット上に無料で公開され、2020年3月19日に日本語版がリリースされた。その驚異的な翻訳精度とより自然な文章で多くのユーザーから高い評価を得ている。

Google翻訳では違和感のある文章でもDeepL翻訳ならまるでネイティブが使っている文章のように美しい文章を作成することが可能だ。実際にDeepL社が他の翻訳サービスと比較するテストを行ったところ、どの翻訳においてもDeepL翻訳による翻訳が最も良いという結果が出ている。

DeepL翻訳は現在、日本語、英語、ドイツ語、フランス語、ロシア語、中国語（簡体字）など12言語に対応しており、相互に翻訳できる。翻訳された文章はコピー＆ペーストできるのでビジネスメールやSNSなどでメッセージ作成に転用できる。無料版は一度に翻訳できる文字数は5000文字までと制限があるので注意しよう。

また、テキストだけでなくWordやPowerPointなどの文書ファイルをアップロードしてまるごと翻訳することもできる。

DeepL
作者／DeepL GmbH　価格／無料
URL／https://www.deepl.com/translator

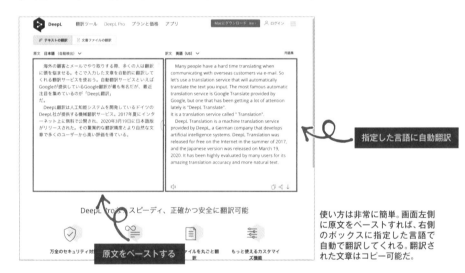

指定した言語に自動翻訳

原文をペーストする

使い方は非常に簡単。画面左側に原文をペーストすれば、右側のボックスに指定した言語で自動で翻訳してくれる。翻訳された文章はコピー可能だ。

DeepL翻訳を使いこなそう

1 無料版は5000文字以内の文字制限がある

DeepL翻訳には有料版と無料版がある。無料版では入力できるテキストの長さは一度に5000文字以内となる点に注意しよう。有料版には文字数の制限がない。

2 翻訳した文書をほかのユーザーと共有する

翻訳された文章は共有ボタンをクリックすると作成されるURLからほかのユーザーと共有することができる。TwitterやFacebook、メールで共有するのに便利だ。

共有ボタンをクリック

URLをコピーする

3 翻訳する言語を変更する

標準では日本語で入力した文章は英語で翻訳するようになっているが、ほかの言語に変更したい場合は入力ボックス上の言語メニューから言語を指定しよう。

クリックして言語を指定する

Macアプリ版 DeepL翻訳をダウンロードしよう

　DeepL翻訳はMacアプリ版も用意されている。インストールして常駐起動させておくことで、さらに効率よくDeepLを使いこなせるようになる。翻訳したいテキストを範囲選択した状態にし、「command」＋Cキーを2回押そう。すると内容が自動的にDeepLの「原文（翻訳元）」に転送され、アプリが起動して翻訳表示させることができる。

　SNSなどで各ツイートを外国語や日本語に翻訳したいとき、ツイートやメッセージごとにコピー＆ペーストを繰り返す必要がなく、ショートカットキーで素早く翻訳表示できる。

　さらに便利なのは、翻訳した文章を元の文章と置換できる機能があること。たとえば、SNSの入力フォームやメッセージアプリの入力フォームに入力した文章をDeepLで翻訳させたあと、原文と置換することが可能だ。海外とスムーズなテキストメッセージのやり取りをする際に非常に役立つだろう。

常駐する

クリック

アプリをダウンロードするには、DeepLのサイトにアクセスして右上にある「Macにダウンロード」をクリックしよう。インストール後、起動するとタスクバーに常駐する。

範囲選択する　「command」＋Cキーを2回押す

ウェブサーフィン中、翻訳したい文章があった場合、範囲選択して「command」＋Cキーを2回押す。するとDeepLが起動して翻訳表示してくれる。

1　2
3　4

範囲選択して「command」＋Cキーを2回押す

入力フォームに日本語で入力した文章を外国語に翻訳したい場合は、入力後に文章を範囲選択して「command」＋Cキーを2回押そう。

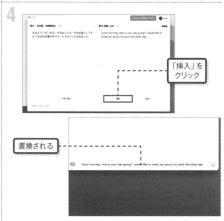
「挿入」をクリック
置換される

DeepLが起動して翻訳表示してくれる。このとき「挿入」ボタンをクリックすると、アプリ上に入力した元の文章と置換してくれる。

！ ここが ポイント

さらに使いこなすなら 有料版も検討しよう

DeepLは有料のPro版が用意されている。Pro版では翻訳テキストの入力文字数に制限がなく、文書の丸ごと翻訳にも文字制限がない。3つのプランが用意されており、最安プランの「スターター」であれば30日間無料で利用でき、30日以内にキャンセルすれば課金されないので、一度Pro版を試用してみるのもいいだろう。

「スターター」は月額750円。上位プランとの違いは、文書の丸ごと翻訳が可能な数だ。

---

4 文書ファイルをアップロードして翻訳する

WordやPowerPointなどのオフィスファイルを丸ごと翻訳することもできる。「文書ファイルの翻訳」タブを開き、ファイルをドラッグ＆ドロップする。

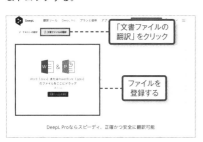
「文書ファイルの翻訳」をクリック
ファイルを登録する

5 ファイルをダウンロードする

ファイルを登録すると言語選択画面が表示される。翻訳先の言語を指定すれば翻訳が開始され、終了すると自動的に翻訳された文書がダウンロードされる。

言語を指定する

Googleドキュメントで PDFをWord形式に変換しておこう

　現在のDeepL翻訳にアップロードできる文書はWordとPowerPointファイルのみで、PDFには対応していない。PDFからWordに変換するにはGoogleドキュメントでPDFを開いたあと、Wordに変換してダウンロードすればよい。

Microsoft Word をクリック

029

こんな用途に
便利!

インタビューの文字起こしを楽にする
→ 音声ファイルをアップロードするだけで自動で文字起こしできる

動画の音声をテキスト化したい
→ Mac上で再生されている音声をテキスト化する

写真の上の文字をテキスト化したい
→ Googleドキュメントの文字起こし機能を使ってテキスト化する

便利な自動文字起こし環境を構築する

音声の文字起こしを自動化するサービスWriter.app

取材やインタビューをする人にとって面倒なのが録音した音声の文字起こし作業だ。最低でも録音した時間以上の作業時間がかかるため、なんとか効率化したいと思っている人は多いだろう。そこで「writer.app」というウェブサービスを利用しよう。

Wirter.appは録音した音声データをアップロードするだけで、音声内容を認識して自動でテキスト化してくれるサービス。文字起こしにかかる時間を大幅に短縮できるだろう。Googleの強力なAIプログラムを利用しているため高精度に認識してくれる。

以前は、音声ファイルをアップロードする必要があったが、現在はMac上に流れている音声やMacに向かって直接話しかけて、音声入力することもできるようになっている。動画共有サイトの動画から音声部分だけを文字起こししたいときにも便利だ。

writer.appはテキスト化した文章を読みやすく整えるための「文章校正」機能を搭載している。敬体（ですます調）と常体（である調）の混在、同じ助詞や接続詞の連続使用など、およそ20項目をリアルタイムで検出して通知してくれ、文章校正にも役立つだろう。

writer.app
URL／https://writer.app/

writer.appのインタフェースを把握しよう

- 書式設定用ツールバー
- タイトル
- 本文
- 本文の文字数カウント
- ファイル一覧・メディアプレイヤーの表示非表示ボタン
- 音声入力ボタン

Chromeブラウザを用意しよう

writer.appはGoogleのプログラムを利用するためSafariでは利用できない。Chromeブラウザを利用する必要がある点に注意しよう。

writer.appで文字起こしをする

1 ファイルをアップロードする

writer.appにアクセスしたら、左上にあるファイルメニューをクリック。続いて下にある「読み込む」から音源ファイルをアップロードしよう。

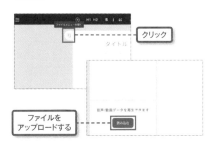

- クリック
- ファイルをアップロードする

2 言語を指定して録音ボタンを押す

右下の「認識言語」で録音元の言語を指定して、隣のマイクボタンをクリックして録音状態にしよう。

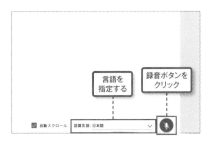

- 言語を指定する
- 録音ボタンをクリック

3 再生ボタンをクリックすれば自動で文字起こしが始まる

左下のプレイヤー画面で再生ボタンをクリックして音声を再生させよう。するとエディタ画面にリアルタイムで文字起こしをしてくれる。定期的にタイムスタンプが押され、タイムスタンプをクリックするとその場所にスキップできる。

- ❷文字起こしが始まる
- ❶再生ボタンをクリックして音源を再生する

写真に書かれた文字を自動で文字起こしする

最近はSNSなどで、検閲や文字制限を回避するため紙に書かれた文字を撮影してアップロードされているファイルをよく見かける。写真の上に書かれた文字をコピーするにはOCR機能搭載のアプリが問題ないが、高価だったり読み取り精度がいまいちな場合が多い。GoogleドライブとGoogleドキュメントをうまく利用しよう。

Googleドライブは、Googleドライブ上に保存した写真をGoogleドキュメント上に開く際に写真に記載された文字を読み取ってテキストに変換してくれる。わざわざ高価なOCR搭載のアプリやスキャナを購入する必要はない。しかも、Googleの高度なAIプログラムを利用しているため高精度に認識してくれる。日本語だけでなく、英語や中国語が書かれた文字もテキスト化することが可能だ。

Googleドライブにファイルをアップロードする

まずは、文字列が記載された写真ファイルをGoogleドライブにアップロードしよう。Googleドキュメントに直接読み込まないようにする。

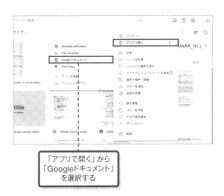

「アプリで開く」から「Googleドキュメント」を選択する

文字起こししたい写真を右クリックして「アプリで開く」から「Googleドキュメント」を選択しよう。

1 | 2
3 | 4

Googleドキュメントが開き、ドキュメントに添付された写真の下に自動で写真上の文字をテキスト起こししてくれる。

「ドキュメントの翻訳機能」を選択する

翻訳先の言語を指定する

Googleドキュメントは翻訳機能も搭載している。文字起こししたテキストを翻訳したい場合はメニューの「ツール」から「ドキュメントの翻訳機能」を選択し、翻訳先の言語を指定しよう。

！ここがポイント

Googleドキュメントでも音声から文字起こしができる

ブラウザにChromeを使っている場合、Googleドキュメントでも音声から自動で文字起こしすることができる。メニューの「ツール」から「音声入力」をクリックすると表示されるマイクボタンをクリックして、音源を再生させよう。ただし、Writer.appのようにファイルをアップロードして文字起こしすることはできなかったり、非アクティブウインドウになると音声録音が自動で中断されてしまう。

クリックして音声を再生する

4 書き起こしたテキストをコピーして保存する

文字起こししたテキストをクリップボードにコピーして外部に保存する場合は、上部メニューからプレーンテキストコピーをクリックして、ほかのアプリにペーストしよう。

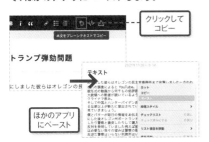

クリックしてコピー

ほかのアプリにペースト

5 書き起こした文字の修正を行う

writer.appはエディタとしても利用でき、書き起こしたテキストをそのまま編集できる。問題のある箇所のタイムスタンプをクリックし、聴き直して修正しよう。

修正箇所のタイムスタンプをクリック

再生して聴き直す

6 Macに話しかけて音声入力する

音源から文字起こしするだけでなく、Macに向かって話しかけると音声入力することもできる。うまく文字起こしができない音源は、音源内容を自分で話しかけて入力する手もある。

クリックしてMacに話しかける

こんな用途に便利!

iPadをMacの2台目ディスプレイとして使う
→ Macのデスクトップをミラーリングするディスプレイとして利用できる

iPadでMacアプリを使う
→ Macの液晶タブレットとしてiPadを利用できるようになる

ワイヤレスで利用できる
→ AirPlay機能を使ってワイヤレスでSidecarを利用できる

便利な「Sidecar」でiPadとMacを連携させよう

ワイヤレスでiPadをMacのサブディスプレイにする

masOS Catalinaから追加された新機能の中で最も注目を集めているのがiPadとMacとの連携性を最大限に高めることができる「Sidecar」だ。

MacとiPadで同じiCloudのアカウントにログインし、同じWi-Fiネットワークに両端末を設置し、メニューバーにあるAirPlayアイコンからiPadをクリックしよう。Macの画面をミラーリングして、iPadをサブディスプレイとして利用できるようになる。

アプリウインドウやマウスカーソルをデスクトップ右側へ移動するとiPadの画面に表示されるようになる。Macで利用しているキーボードで文字入力したり、新たにアプリケーションを起動することもできる。特に画面の狭いMacBookユーザーにとって便利な機能だ。

Big Surで追加されたコントロールセンターからも起動できるようになり、さらに使い勝手はよくなっている。一度、使い方を見直してみよう。

ワイヤレスで使える!

外出先ならモニタよりも便利!

他社アプリよりも遅延が少ない!

外出先でも手軽にMacのサブディスプレイとして利用できる。電源ケーブルの必要なモニタよりもはるかに便利だ。

●サイドカー対応Macの機種
iMac (2017 年以降に発売されたモデル) または
iMac (Retina 5K, 27-inch, Late 2015)
iMac Pro
MacBook Pro (2016年 Mid以降)
Mac mini (2018年 Late以降)
Mac Pro (2019年以降)
MacBook Air (2018年 Late以降)
MacBook (2016年 Early以降)

●サイドカー対応のiPadの機種
iPad Pro (全機種)
iPad (第6世代以降)
iPad mini (第5世代以降)
iPad Air (第3世代以降))

SidecarでiPadをサブディスプレイにしよう

1 同じApple IDでiCloudにログインする

Sidecarを利用するにはiPadで利用しているApple IDと同じIDを使いiCloudにログインしておく必要がある。また、同じWi-Fiネットワークに接続しておこう。

iPadと同じApple IDでログインする

2 コントロールセンターからiPadを選択する

Sidecarを有効にするにはメニューバーにあるコントロールセンターを起動する。「ディスプレイ」から利用するiPadを選択しよう。

利用するiPadを選択する

3 iPadの画面にミラーリングされる

接続がうまくいくとiPadの画面がMacのデスクトップに変化する。ワイヤレスよりUSBケーブルで接続するほうがスムーズに接続できる。

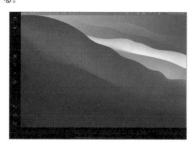

サイドバーやTouch Barで iPadからアプリを操作する

Sidecarには独自のメニューも用意されている。画面端に表示される「サイドバー」や「Touch Bar」だ。iPadで表示されるMacのデスクトップは直接指で操作できないが、これらのバーを使うことで、ある程度のアプリ操作や文字入力ができるようになる。iPad用のMagic Keyboardがあれば文字入力やスクロール操作もできる。

また、Apple Pencilがあれば、直接iPadの画面をタッチしてMacアプリを操作することができる。Macにインストールされている高機能なグラフィックアプリを使えるようになるため、液タブとしてiPadを活用することも可能になる。お絵かきユーザーには非常にありがたい機能だ。

なお、Catalinaからシステム環境のメニューに「Sidecar」という項目が追加されており、サイドバーを非表示にしたり、位置を変更することができる。

- アクティブのアプリのメニューバーの表示/非表示
- commandキー
- controlキー
- 1つ前の操作に戻る
- 接続の解除
- 画面下部からDockを引き出す/隠す
- optionキー
- shiftキー
- キーボードを表示/非表示
- タッチバー

1 システム環境設定画面を開く

Sidecarをクリック

サイドバーの設定を変更するには、システム環境設定を開き「Sidecar」をクリック。

2 サイドバーやTouch Barの 設定を変更する

Sidecarの設定画面が表示される。ここでサイドバーの表示設定やTouch Barの表示設定を変更できる。

3 iPadを切り替える

下から上へスワイプする

Sidecarに切り替える

Sidecarの使用中に、iPadのアプリに切り替えることもできる。画面下から上へスワイプするとホーム画面が表示される。

4 スクロールやジェスチャを使う

3本指ピンチ操作でメニューを表示できる

2本指スワイプでスクロール

2本指スワイプによるスクロールとiPadOSで新しく追加されたマルチタッチジェスチャはSidecar使用時でも利用できる。3本指のピンチ操作でメニューが表示される。

4 ウインドウやマウスカーソルを右へ移動する

Macで表示されているマウスカーソルを右端へ移動させるとiPadにマウスカーソルが表示される。ウインドウも同じように右へドラッグすると表示される。ディスプレイ位置は変更もできる（35ページ参照）

5 Dockを表示させる

iPad側でDockを表示させるには左にあるサイドバーのDock表示ボタンを指でタップしよう。下からDockが表示される。

指でタップする

6 Sidecarを解除する

Sidecarを解除するにはコントロールパネルの「ディスプレイ」からiPadをクリックするか、サイドバーの接続解除ボタンを指でタップしよう。

「接続解除」をクリック

指でタップ

Macで開いているPDF書類に iPadで手書きで注釈を付ける

ドローイングによる 細かな修正指示をするなら iPadをうまく使う

　Apple Pencilユーザーなら、実際にSidecar経由でMacアプリを直接操作してみよう。用途はさまざまあるが、まずはMac上で開いているPDFに手書きで注釈を付けてみよう。

　MacのPDF注釈アプリの多くはドローイングツールが搭載されているが、マウスを使った手書きだと貧相になってしまう場合が多い。そこで、SidecarでiPadへミラーリングしてApple Pencilを使えば思い通りのドローイングが描けるはずだ。単純なドローイングによる注釈や指示のほか、署名欄に手書きのサインを行う際にも便利。Apple Pencilできちんとしたサインを付けることができる。ここではMacに標準搭載されているビューア「プレビュー」を使ってみよう。プレビューには写真に自由な線で手書きができるマークアップが搭載されている。マークアップで手書きをする際はツールバーのスケッチニューで「標準スケッチ」モードに切り替えておこう。

1 Macアプリの緑のボタンから Sidecarへ移る

PDFファイルをプレビューで起動したら、ウインドウ左上にある緑のボタンにカーソルをあて「iPadに移動」を選択する。

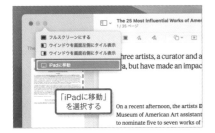

2 マークアップツールを 起動する

SidecarでiPadの画面にPDFを移動させたら右上のマークアップボタンをクリックする。スケッチツールを選択する。

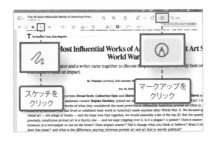

3 ドローイングを行う

Apple Pencilを使って実際に画面にドローイングを行おう。そのままだとオートシェイプとして認識されるのでパレットの上の標準スケッチをタップ。

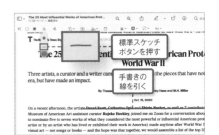

4 オリジナルなドローイングが できる

するとオートシェイプ機能がオフになりオリジナルな手書きの線に変更する。

5 写真にマークアップする

写真に手書きでマークアップする場合も方法は同じ。マークアップバーを表示させたらスケッチツールをタップする。

6 ドローイングを行う

そのままだとオートシェイプとして認識されるのでパレットの上の標準スケッチをタップしよう。

ここが ポイント

PDF Expert ユーザーなら Handoffを使おう

Mac版PDF ExpertだけでなくiPad版のPDF Expertも使っている人なら、Handoff機能をうまく使おう。HandoffはiPadで作業中のアプリ状態をそのままMac版アプリに引き継いでくれる機能だ。PDF ExpertはHandoff機能に対応しており、互いのデバイスで作業中の状態を瞬時に引き継ぐことができる。Sidecarが使いづらい人におすすめだ。

iPadでPDF Expertを使っているならMacのDock左端からアイコンが表示される。これをクリック。

地図や写真に注釈を入れるのに便利な
SkitchをiPadで使う

人気のMac専用注釈アプリをiPadで使おう

「Skitch」は画像ファイルに注釈を入れるのに便利なMacアプリ。Googleマップの写真にドローイングで道筋や目的地を示したり、アプリやPCの操作方法を説明する画像で選択するべきボタンを指し示したいときに使われる。Skitchは非常に便利なドローイング機能が搭載されたアプリだがiPad版は存在していない。そこで、SidecarとApple Pencilを使ってiPadでSkitchを使えるようにしよう。

iPadでSkitchを使えば、手書きによる正確なドローイングが描けるようになる。ドローイングツールはあらかじめ用意されている8色のカラーのほか自分でカラーを作成することもできる。ペンの太さは5段階の調節が可能だ。

なお、Evenoteのプレミアムユーザーに登録していればPDFファイルをインポートして注釈を付けることもできる。

Skitch
作者　Skitch
価格　無料
カテゴリ　仕事効率化

---

1 キャプチャする画面を起動してキャプチャ方法を指定する

Mac側でまずキャプチャする画面を表示させる。ここでは例としてGoogleマップを表示させる。その後、Skitchを起動してメニューからキャプチャ方法を選択する。

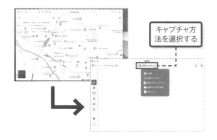

キャプチャ方法を選択する

2 自分で範囲を指定してキャプチャする

キャプチャ範囲を自分で指定する場合は「画面のキャプチャ」を選択し、ドラッグしてキャプチャ範囲を指定する。キャプチャパネルが表示されたら「キャプチャ」をクリック。

ドラッグしてキャプチャ範囲を指定する

「キャプチャ」をクリック

3 キャプチャ後Sidecarを起動する

Skitchでキャプチャできたらウインドウ左上の緑ボタンにカーソルを合わせ「iPadに移動」をクリックしてSidecarを起動しよう。

キャプチャし終えたらSidecarを起動する

4 ツールバーからペンとカラーを選択する

iPadでSkitchが表示される。左のツールバーからドローイングツールを選択し、カラーとペンの太さを選択する。

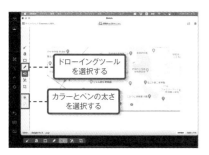

ドローイングツールを選択する

カラーとペンの太さを選択する

5 手書きでドローイングを作成する

Apple Pencilを使って画面上に手書きでドローイング作業を行おう。Skitchにはほかにもさまざまツールがある。スタンプツールを使えば画面上にさまざまな目印を付けることができる。

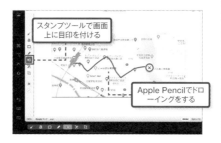

スタンプツールで画面上に目印を付ける

Apple Pencilでドローイングをする

6 ファイルを保存する

ドローイングを描いた画像を保存するには、メニューバーの「ファイル」から「エクスポート」を選択し、保存先を指定しよう。PNG形式で保存される。

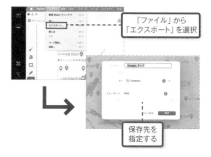

「ファイル」から「エクスポート」を選択

保存先を指定する

ここがポイント

Mac専用アプリとしてもSkitchを使いこなそう

Sidecarを使わなくてもSkitchは非常に有用性の高いアプリ。矢印やテキストフォントが非常に美しいためプレゼンテーション用の画像を作る際に便利。また、モザイクツールを使えば指定した部分だけをモザイク処理できる。写真に映っている人の顔を隠すときに利用しよう。

モザイクツールを選択後、範囲選択すると顔がわからない程度にモザイク処理をしてくれる。

入力
INPUT

こんな用途に便利!

MacBookのキーボードを自由にカスタマイズ
→ Big Sur対応のカスタマイズツール「Karabiner-Elements」ならカスタマイズが自由

MacBookでWindows用キーボードを使う
→ 「英数」「かな」を「無変換」「変換」に割り当てる

カーソル移動をホームポジションを崩さず行う
→ controlキーを使ったショートカットでのカーソル移動をマスターできれば超快適!

Windowsのキーボードでも問題なし!
自由自在にキーボードをカスタマイズしよう

カスタマイズツールでキーボードのストレスを一気に解消しよう

キーボードはトラックパッドと並び、MacBookの操作性を大きく左右する重要なインターフェイスだ。タイピングのクセやよく使用するキーなど、ユーザーによって最適なキー配列は微妙に異なってくる。頻繁に使用するものだけに、小さいストレスでも結果的にMacBookの作業効率を大きくダウンさせてしまいかねない。キーカスタマイズツールを使って自分に最適な入力環境を構築しよう。

「Karabiner-Elements」は、長らく評価されているキーボードカスタマイズツール。MacBookの指定したキーを別のキーに割り当てて、最適な入力環境を構築できる。特にMacBookにWindows用キーボードを接続して利用したり、US配列

キーボードのMacBookユーザーは「英数」「かな」キーで入力モードを切り替えられなかったり、キーの微妙な位置の違いなどで不便に感じることも多い。

Karabiner-Elementsを使えば、このようなストレスを大幅に軽減させることができるはずだ。単純なキーの入れ替えだけでなく、複合キーによる高度なカスタマイズやキーボードごとに設定を切り替えるなど、幅広い用途や環境に応用できる。MacBookユーザー必携のツールだろう。

Karabiner-Elements
作者／Takayama Fumihiko　価格／無料　URL／https://pqrs.org/osx/karabiner/

外付けのWindowsキーボードをMacで使いやすくカスタマイズ

controlキーとcaps Lockを入れ替える

「無変換」を英数キーに割り当てる

US配列のMacBookで入力モードの切り替えをスムーズに

Windowsキー（commandキーとして動作）とAltキー（optionキーとして動作）を入れ替える

「変換」をかなキーに割り当てる

Warning!!
M1 MacBookでは問題発生の可能性がある!
M1 MacBookでは、「Karaviner -Elements」を使った際のシャットダウン時に問題が発生する場合があることがたびたび報告されています。多くの場合、電源が終了できず、再起動してしまう、というもので、そのまま使い続けるなら直接の問題とはならない場合が多いようです。ただ相性によっては深刻な問題となる可能性もあるので、試してみて問題が発生したらアンインストールも考えましょう。

commandキーの機能を保持したまま、左のcommandを「英数」、右のcommandを「かな」に割り当てる

Windowsキーボードの「無変換」「変換」キーで入力モードを切り替える設定

1 Karabiner-Elementsを起動しセキュリティ設定を変更

Karabiner-Elementsを起動したら、システム環境設定の「セキュリティとプライバシー」を開き、鍵アイコンをクリック。「一般」タブに表示されている「開発元 "Fumihiko Takayama"」の「許可」をクリック。

クリック

2 キーボードの種類を「JIS」に設定する

セキュリティ設定が完了すると「キーボード設定アシスタント」が開くので、左右のshiftキーの隣のキーを押してキーボードの種類を認識させよう。

3 Simple Modifications設定に好みのキー配置を追加していく

「Simple Modification」タブをクリックし「Add item」をクリック。「From key」に変更したいキーを入れ、「To Key」に動作させたいキーを入力する。

今、接続しているキーボードを選ぶ

変更したいキーを入れる（例:無変換キー）

動作させたいキーを入れる（例:英数キー）

矢印（カーソルキー）をキーボードで操作できる便利なショートカット

MacBookでは、テキスト入力の際に、キーボード右下の矢印（カーソル）キーを使って、テキスト内の移動を行う人が多いだろう。直感的に操作できるのでカーソルキーは便利なのだが、集中してキーボードで入力している際にホームポジションから手を離したくない人も多いはずだ。

Macには標準で「control」キーを使ったカーソル移動のショートカットがあるのだが（Emacsのキーバインド）、「control」と一緒に押すべきキーが「P=上」「N=下」「B=左」「F=右」と覚えにくく、身体に入りにくいのが難点だ。このショートカットで使える人ならデフォルトの設定でいいので問題ないが、使いにくいなら、「Karaviner-Elemnts」の「Complex modifications」で「Chage Cotrol + i/j/k/l to Arrows」を設定することで、controlキーと「I=上」「J=左」「K=下」「L=右」を使えばよいので、覚えやすく、直感的に使えるはずだ。

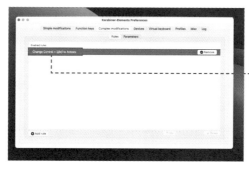

Change Control + i/j/k/l to Arrows

「Complex modification」タブで、「Add rule」をクリックして、「Chage Cotrol + i/j/k/l to Arrows」を設定する。このほかにも便利なプリセットがあるので、見てみよう。

標準のショートカット

P=Previous、N=Next、B=Backward、F=Fowardの略で、設定されている。

カスタマイズされたショートカット

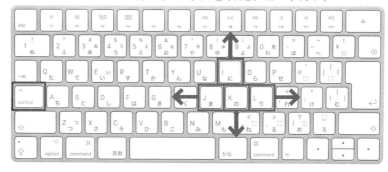

こちらならば、controlキーさえ押さえれば、標準のカーソルキーと似た形なので圧倒的に覚えやすい。

! ここがポイント

手軽に使えるカスタマイズツール

macOSで動作するもう一つのキーカスタマイズツールが「⌘英かな」だ。「Karabina」と比べると高度な設定はできないが、設定がシンプルでわかりやすく、ショートカットキーの登録も簡単に行えるのが特徴。除外するアプリケーションを指定できるのも便利だ。MacBookでWindowsキーボードを使うだけなら、こちらのツールの方が手軽だろう。

⌘英かな

⌘ 作者／iMasanari
価格／無料
URL／https://ei-kana.appspot.com

---

4 自分のキーボードに合わせて設定したいキーを入れる

ここでは、Windowsキーボードの「無変換キー→英数キー」、「変換キー→かなキー」、「Caps lock→control」、「Ctrl→option」、「Alt→command」という変更を行っている。

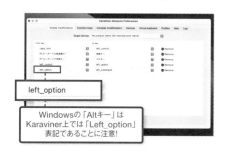

left_option

Windowsの「Altキー」はKaraviner上では「Left_option」表記であることに注意！

5 念のため、設定したデバイスを確認しておこう

「Devices」タブでは、接続されたキーボードやマウスなどを確認できる。Apple製のキーボードなどは名称が表示されるが、Windows用キーボードは名称が出ない場合も多い。

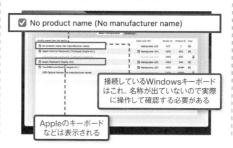

接続しているWindowsキーボードはこれ。名称が出ていないので実際に操作して確認する必要がある

Appleのキーボードなどは表示される

6 ファンクションキーのカスタマイズもできる

「Function Keys」タブでは、ファンクションキー（メディアキー）の機能をカスタマイズできる。画面の明るさや音量調節などの機能だけでなく、任意のキーを割り当てることも可能だ。

037

こんな用途に便利!

縦書きでないと筆の乗りがうまくいかない人
→ 本物の400字詰め原稿用紙の感覚でテキスト入力できる

400字詰め原稿用紙で提出できる
→ 内蔵の400字詰め原稿用紙のテンプレートを使ってプリントアウトできる

ルビや傍線を入力したい
→ 漢字にルビ(ふりがな)を入れたり重要箇所に傍線を付けて強調できる

縦書き主義なら縦書き専用のエディタを使おう!

縦書き書式に合わせた使いやすい補助機能

デジタル端末でテキスト入力する際、一般的には横書きとなるが、ユーザーの中には小説や作文をするときは400字詰めの縦書き原稿用紙でないと筆の乗りが悪いという人も多いだろう。

そんな人におすすめのテキストエディタが「縦式」だ。

縦式は縦書きで文字入力ができるテキストエディタ。見慣れた400字詰め方眼紙で縦書き入力できる。縦書き書式に合わせた入力アシスト機能が優れており、改行時に自動で字下げしたり、半角スペースを全角スペースとして入力することができる。

作成したテキストはA4原稿用紙やA5原稿用紙など用紙サイズに合わせてPDF出力したりプリントアウトできる。また、レイアウト設定では1行の文字数や1ページの行数を変更できる。縦書きは好きだが400文字詰め原稿用紙にこだわりがない人はレイアウト設定を変更しよう。

縦式

作者／Kazuyuki Mitsui
価格／無料
カテゴリ／仕事効率

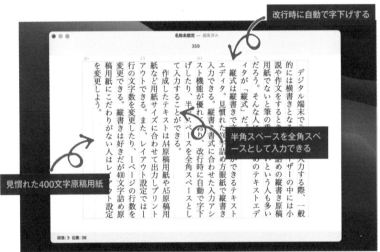

改行時に自動で字下げする

半角スペースを全角スペースとして入力できる

見慣れた400文字原稿用紙

用紙を設定できる
標準はA4原稿用紙縦書きだが、用紙設定画面からB5やA5などさまざまな用紙に変更できる。

レイアウト設定を変更する
「レイアウト設定」画面では1行の文字数や1ページの行数などを変更できる。400文字原稿用紙を気にしない場合は行数の設定を変更しよう。

縦式独自の機能を使いこなそう

1 横向きの文字を縦向きに直す

標準では数字を入力すると横向きに表示されてしまう。縦向きに直したい場合は範囲選択して右クリックして「縦中横」を選択しよう。

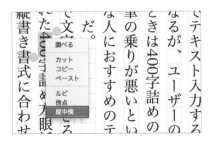

2 漢字にルビを打つ

漢字にルビを打つことができる。ルビを打ちたい漢字を範囲選択して右クリックし「ルビ」を選択し、ひらがなでルビを入力しよう。

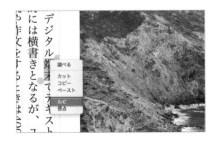

3 ルビが打たれ文字が縦向きに校正された

このように漢字の横にひらがなのルビが付き、横向きになった数字は縦向きにしてくれる。あとはそのままプリントアウトすればよい。

Chapter 2

情報収集

INFORMATION GATHERING

情報収集
INFORMATION

こんな用途に便利!

→ **バッテリー効率が上昇**
ChromeやFirefoxよりもメモリ負担が少ない

→ **スタートページが快適になった**
さまざまな情報を一覧表示したり、表示させる内容をカスタマイズできる

→ **セキュリティ面が大幅に強化**
特にトラッキングなどのプライバシー保護周りが強化されている

Big Surで追加された「Safari」の新機能をチェックしよう

バッテリー効率が上がりさまざまな機能が追加された新しいSafari

　Macに標準搭載されているブラウザSafariはBig Surのアップデートにともないさまざまな機能が強化された。バッテリー駆動時間が大幅に向上し、MacBookユーザーの場合、ChromeやFirefoxより最大1.5時間長くビデオのストリーミング映像を視聴でき、最大1時間長くネットサーフィンが続けることができる。外出先で仕事をする人にとっては欠かせないブラウザとなるだろう。

　新しいメニューとして特に注目を集めているのは、スタートページがカスタマイズできることになったことだろう。背景に好きな画像を設定できる。また、保存したリーディングリスト、お気に入り、ほかのデバイスのSafariで開いているタブ、

Siriからの提案、プライバシーレポートなど、さまざまな情報を一覧表示させることができる。表示される情報はフィルタメニューで自由にカスタマイズすることが可能だ。

タブ周りも強化されており、開いているタブの上にカーソルを重ねると、そのページ内容をサムネイル形式でプレビュー表示できる。タブを切り替えずに内容を視覚的にチェックでき

る。膨大なタブを開いているときに目的のタブが簡単に見つかるだろう。

　ほかに、プライバシー保護関連などセキュリティ面も強化されている。

●**ビデオ視聴**
ChromeやFirefoxよりも最大1.5時間

●**ネットサーフィン**
ChromeやFirefoxよりも最大1時間

●**表示速度の向上**
よくアクセスするウェブサイトを、Chromeより平均で50パーセント速く読み込める

Mac起動時にSafariとChromeを起動してYouTubeのトップページを表示してみた。数分後「アクティビティモニタ」でエネルギー影響を比べると、Chromeの方が圧倒的にバッテリーを消耗させていることがわかるはずだ。

新しく追加されたSafariの新機能を使いこなそう

1 スタートページにさまざまな情報が表示される

Safari起動後、スタートページを開いてみよう。お気に入りのほか、プライバシーレポートやリーディングリストなどさまざまな情報が表示される。

2 表示項目をカスタマイズする

スタートページに表示する情報をカスタマイズする場合は、右下にあるフィルタボタンをクリックして表示する項目にチェックを入れよう。

表示する項目にチェックを入れる

クリック

3 背景の画像を設定する

スタートページに好きな画像を設定することもできる。フィルタ画面から好きな画像をクリックするか、追加ボタンをクリックして好きな画像をアップロードしよう。

画像を指定する

トラッキング防止機能で
トラッカーの追跡を遮断する

　今回のアップデートでSafariのセキュリティ関連機能はさまざまな強化がされているが、特にトラッキング防止機能の強化が目立っている。トラッキングがしかけてあるサイトにアクセスすると、アドレスバーの隣に「シールド」のマークが自動で表示される。マークをクリックするとプライバシーレポートが表示され、訪れたサイトごとにトラッカーとそのオーナー名をレポート表示してくれる。

　また、Safariでは標準で「サイト越えトラッキングを防ぐ」機能が有効になっており、訪れたサイトと関連のある広告が表示されづらい仕様になっている。ただし、有効のままだとYahoo!JAPANなどクッキーを利用してサービスを提供しているサイトの利用が制限されてしまう。トラッキング防止機能をオフにする方法も知っておくといいだろう。

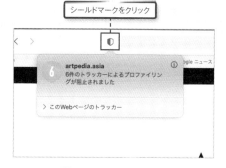

シールドマークをクリック

「このWebページのトラッカー」をクリックする

アドレスバー左にあるシールドマークをクリックするとプライバシーレポートが表示される。「このWebページのトラッカー」をクリックすると詳細内容が表示される。

「Webサイト」をクリック

右上の「i」マークをタップして、「Webサイト」タブを開くとするとこれまで訪れたサイトのトラッカー情報が一覧表示される。

「トラッカー」タブを開く

「トラッカー」タブを開くことこれまでウェブサーフィンして、接触したトラッカーとそのオーナーを表示回数の多さで一覧表示できる。オーナーごとに並び替えることもできる。

Safari｜ファイル｜編集｜表示｜履歴｜ブックマーク

「環境設定」をクリック

クッキーを利用しないとサービスが利用できない場合は、メニューの「Safari」から「環境設定」を開く。「プライバシー」から「サイト越えトラッキングを防ぐ」のチェックを外そう。

「サイト越えトラッキングを防ぐ」のチェックを外す

---

4 アドレスバーをクリックして さまざまな情報を表示する

アドレスバーをクリックしたときに表示される画面でも、お気に入りのほかにリーディングリストや同期しているタブなどさまざまな情報を表示できる。

クリック

5 タブの表示順序を 並び替える

タブを右クリックして「タブの表示順序」で「タイトル」を選択すると、アルファベット順にタブの並びを自動で並び替えてくれる。

「タブの表示順序」→「タイトル」をクリック

6 タブの上にカーソルを置いて プレビュー表示する

タブの上にカーソルを置くとページをサムネイル表示することができ、目的のタブを素早く見つけることができる。

タブにカーソルを置く

041

App Store内の Safari拡張機能が充実した

Safariでも翻訳表示が できる拡張機能を使おう

Safariはそのままでも十分に多機能だが、さらに使い勝手をよくしたいなら拡張機能をインストールしよう。広告やトラッカーをブロックしたり、ショッピングサイトの最低価格や相場の推移を把握できたり、ウェブページをダウンロードできるようになる。

以前、目的のSafariの拡張機能を探すには手間がかかったが、Big Surの登場ともにApp Storeに拡張機能専用のカテゴリが追加され、お気に入りのデベロッパが開発した拡張機能を簡単に見つけることができるようになった。

おすすめの拡張機能は、表示している海外のサイトを自動で日本語に翻訳表示してくれる「Translate for Safari」。最新版Safariはもともと自動翻訳機能が実施されているが、現在、日本語版Safariは対応していない。しかし、拡張機能を追加することで翻訳表示できるようになる。

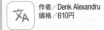

Translate for Safari
作者／Denk Alexandru
価格／610円

1 拡張機能のページに アクセスする

Safariの拡張機能を追加するには、メニューバーの「Safari」から「Safari拡張機能」をクリックしよう。

「Safari拡張機能」をクリック

2 App Storeから ダウンロードする

App Storeが起動してSafari拡張機能専用のページが開く。目的の拡張機能を探してダウンロードしよう。

3 拡張機能を有効にする

ダウンロードした拡張機能を有効にするには、メニューの「Safari」から「環境設定」を開く。「機能拡張」タブを開き、利用する拡張機能にチェックを入れよう。

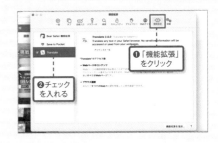

❶「機能拡張」をクリック

❷チェックを入れる

4 拡張機能のボタンを クリックする

拡張機能を有効にするとアドレスバー左にボタンが追加される。利用するにはボタンをクリックしよう。メニューが表示される。

ボタンをクリック

5 日本語に自動で 翻訳表示させる

海外のページを開いたときに日本語に自動翻訳させるには、「Japanese」を選択して「Automatically translate pages」にチェックを付けよう。

「Japanese」を選択する

チェックを付ける

6 拡張機能を アンインストールする

インストールした拡張機能をアンインストールしたい場合は、メニューの「Safari」から「環境設定」を開く。対象の拡張機能を選択して「アンインストール」をクリックしよう。

「アンインストール」をクリック

！ここが ポイント

プライバシーを保護する 拡張機能DuckDuckGo Privacy Essentials

DuckDuckGoはプライバシーを保護することで知られる検索サービスとして知られているが、Safariの拡張機能も用意されている。この拡張機能をインストールするとアクセスしたサイトにあるトラッカーなどから個人情報を読み取られることはない。開いているウェブサイトをA～Fでランク付けしてくれるため信頼性のあるサイトを判断する人にも役立つだろう。Safari標準のトラッカー防止機能だけでは不安な場合はインストールしておこう。

開いているサイトごとに評価してくれる。

サイトごとに表示設定を
自動で変更する

**毎回手動で表示設定を
変更する手間が省ける**

Safariでは、サイトごとにあらかじめ指定しておいた表示設定に自動で変更することができる。たとえば、毎日訪れるニュース

サイトではアクセスした際に自動でリーダー表示にしておけば、毎回、手動で切り替える必要がなく便利だ。

また、大手ニュースサイトにアクセスしたときにありがちな、

見たくない音声付きのビデオが突然再生されないようにするには、自動再生機能をオフにしておこう。ほかに、表示倍率、マイク、位置情報やカメラの利用の可否といった設定もカスタマイ

ズすることができる。

また、自動入力設定を有効にしておけば入力フォームをクリックしただけで以前に利用したユーザー名やパスワードが入力され素早くログインできる。

---

1 手動でリーダーを表示してページ表示を快適にする

手動でリーダーを表示するには、アドレスバー左側にあるリーダーボタンをクリックする。すると広告や余計なコンテンツが削除され、本文、見出し、写真のみが表示される。

2 自動でリーダー表示にするように設定する

リーダー表示に対応しているサイトを開いたときに、自動的にリーダー表示をするようにするにはブラウザ設定を変更する必要がある。リーダーボタンを右クリックして「〜でリーダーを自動的に使用」を選択する。

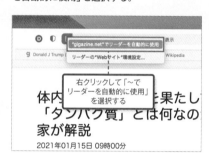

3 ほかの項目の自動設定を変更する

ほかの項目の自動表示設定をカスタマイズしたい場合は、Safariのメニューの「環境設定」から「Webサイト」を開く。動画の自動再生をオフにしたい場合は「自動再生」で「自動再生しない」にチェックを変更しよう。

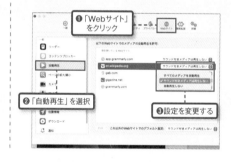

4 文字の拡大縮小率を設定する

サイトを訪れた際の文字の大きさも自動で変更できる。「ページの拡大/縮小」を開いて、対象のサイトの拡大縮小率を指定しよう。

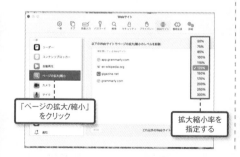

5 アドレスバーを右クリックから設定を一括変更

表示しているページの各自動設定項目をまとめて変更したい場合は、アドレスバーを右クリックして「このWebサイトでの設定」をクリック。各設定をまとめて変更できる。

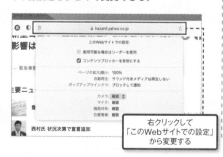

6 自動入力設定を変更する

自動的にユーザー名やパスワード、クレジットカード情報などを入力してくれるが、編集したり削除したい場合はSafariのメニューの「環境設定」から「自動入力」で各種設定をカスタマイズしよう。

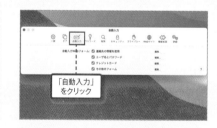

**！ここが
ポイント**

**YouTube動画を
ピクチャ・イン・ピクチャ
として再生する**

SafariではYouTubeをピクチャ・イン・ピクチャとしてSafariから切り離してデスクトップ上で再生できるようになっている。Safariで対象の動画を表示したあとアドレスバー右のスピーカーアイコンを右クリックして「ピクチャ・インピクチャにする」をクリックしよう。

ドラッグしてサイズや
位置を変更できる

こんな用途に便利!

Chromeの機能を拡張できる
→ 拡張機能をインストールして機能を強化できる

効率的に情報収集できる
→ 情報収集に便利な拡張機能だけを厳選紹介

Safariよりも便利
→ Safariにはない機能や拡張機能が多い

便機機能が盛りだくさんの Chromeの機能拡張

効率的に情報収集できる Chrome拡張機能を 使いこなそう

Googleが無料で配布している「Chrome」を利用しているユーザーは多いだろう。Chromeは標準でもかなり利便性が高いが拡張機能を追加していくことで、さらにウェブサーフィンが快適になる。Chromeの拡張機能はブックマークバー左端にある「アプリ」から「ウェブストア」にアクセスすることでダウンロードすることができる。

ただ、Chromeの拡張機能は非常に膨大なため、どれが便利なのか探すのが大変。そこで、ここではウェブページ全体をスクリーンショットとして保存したり、Googleの検索結果画面に各ページのプレビュー画像を表示してくれるなどウェブ上から効率的に情報収集を実現できる拡張機能を厳選して紹介しよう。

Google Chrome
作者／Google LLC
価格／無料

ウェブページ全体をスクリーンショットで保存する

「Awesome ScreenShot」はページ全体をスクリーンショット撮影して画像形式、もしくはPDF形式で保存できる定番拡張機能。以前はSafari版も存在したが、現在はChrome専用拡張機能となっている。撮影後に表示される注釈ツールを使って、ページ上に矢印や四角などのシェイプ、コメントなどが入力できる。トリミング機能も搭載しており余計な部分を削除することもできる。

Awesome Screenshot
作者／Awesome Screenshot, Inc.
価格／無料

1 ページ全体をキャプチャする

ページ全体をキャプチャして保存する場合は、Awesome Screenshotのボタンをクリックして「フルページ」を選択しよう。

動画キャプチャも可能

「フルページ」を選択する

2 処理方法を選択する

キャプチャ後は、以下のような表示になり、ダウンロードするか、PDF化するか、注釈をつけるか、コメントするか、などを選択できる。

PDF化する場合はこちら

注釈をつける場合はこちら

3 注釈を入れて保存する

「Annotate」ボタンをクリックすると注釈ツールが上部に表示され、注釈を入れて保存することができる。

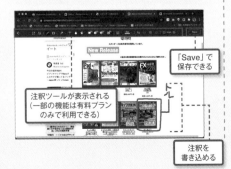

New Release

「Save」で保存できる

注釈ツールが表示される（一部の機能は有料プランのみで利用できる）

注釈を書き込める

4 設定をカスタマイズする

キャプチャした画像はクラウド上に保存するか、ローカルに保存するか、選択できる。クラウド上ではフォルダを追加してファイルを整理することもできる。

クラウド上でフォルダを追加する

保存場所を選択

5 プランを確認する

クラウド上の「Pricing」からはプランを確認できる。Chromeのスクリーンショットを毎日膨大に撮る必要がある人でない限り、Freeプランでまったく問題ないだろう。

有料プランを選択すると、注釈ツールの機能が向上し、動画キャプチャも自由に可能になる

Free	Basic	Professional	Team
$0	$4	$5	$25
Permanently valid	Per user / month	Per user / month	Per user / month
Screenshot	Screenshot	Screenshot	Screenshot

Googleの検索結果に サイトをプレビュー表示させる

「SearchPreview」はGoogleの検索結果画面にリンク先のページ内容をサムネイル表示してくれる拡張機能。サイトを視覚的に判断でき、目的のサイトに素早くたどりつくことができる。また、ページタイトル下にサイト人気ランクを表示してくれるので、信頼性や人気の高いサイト

がひと目で分かる。画像を右クリックして「画像の更新を要求」をクリックすると最新のページ内容に表示し直してくれる。

SearchPreview

作者／Edward Ackroyd.
価格／無料

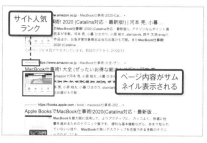

サイト人気ランク

ページ内容がサムネイル表示される

SearchPreview インストール後、Chrome 上で Google 検索をしてみよう。このようにページ内容をサムネイル表示し、ページタイトル下にサイト人気ランクを表示してくれる。

右クリックして「画像の更新を要求」をクリック

サムネイル画像を右クリックし「画像の更新を要求」をクリックすると最新のページ内容にアップデートしてくれる。

マウスカーソルをあてるだけで 英単語を翻訳表示する

Chromeにはページ全体を翻訳する機能があるが、指定した英単語や一文のみを翻訳する機能がない。ページ上の一部だけを翻訳したいなら「Weblio」を使おう。インストール後、ページ上にある英単語にマウスカーソルを合わせるとポップアップで英和辞典を表示させることがで

きる。また、文章を選択したあと右クリックニューからWeblioでの翻訳結果ページへ素早く移動することが可能だ。

Weblio

作者／ejje.weblio.jp
価格／無料

マウスカーソルを英単語にあわせる

インストール後、ページ上の英単語にマウスカーソルを当てると自動でポップアップで意味を表示してくれる。

文章を範囲選択する

「Weblioで翻訳」を選択する

文章を範囲選択して右クリックし、「Weblio ポップアップ英和辞典」から「Weblio で翻訳」をクリックすると選択した箇所を翻訳してくれる。

Amazonの不正レビューを除去して 信頼のある評価を表示する

Amazonに掲載されている商品レビューにはやらせも多く、信頼性が高い商品を探すのは難しい。ユーザー評価が本当かどうかチェックしたい場合は「Review Analyzer」を使おう。Amazonに投稿されたレビューを分析して、不正レビューらしきものの除去して独自に再評価してくれる。また、拡張機能バーにあるボタンを

クリックするとオリジナルの評価点数と分析後の点数を比較したページが表示され、どの程度不正があるかも教えてくれる。

Review Analyzer

作者／ReviewMeta.com
価格／無料

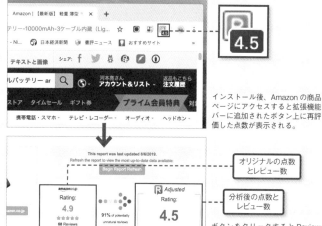

インストール後、Amazon の商品ページにアクセスすると拡張機能バーに追加されたボタン上に再評価した点数が表示される。

オリジナルの点数とレビュー数

分析後の点数とレビュー数

ボタンをクリックすると Review Analyzer のページが開き、分析前のオリジナルの点数やレビュー数と分析後の点数と不正と思われないレビュー数を比較してくれる。

Evernoteユーザーなら 使いたいスクラップ拡張機能

Evernoteユーザーならインストールしておきたいのが「Evernote Web Clipper」。Chromeで表示しているページをクリック1つでEvernoteにクリップ保存でき、あらゆる端末で閲覧できる。保存する際はノートブックやタグを追加することもできる。ウェブページをそのまま保存す

るほか、Safariのリーダーのように余計な部分を削除し、テキストと記事の関係のある写真だけを保存することもできる。

Evernote Web Clipper

作者／https://www.evernote.com
価格／無料

クリック

クリップの方式を選択する

Evernote に保存したいページを開いたら、拡張機能バーにある Evernote ボタンをクリック。パネルが表示されるのでクリップの方式を選択して「クリップを保存」をクリックしよう。

保存先ノーブックを指定する

タグを入力する

保存する際は保存先のノートブックを指定したり、タグを付けることもできる。タグは複数付けることができる。ほかにコメントを追加することもできる。

こんな用途に便利!

YouTubeの内容をテキスト化したい
→ 自動生成された字幕を表示・確認できる

ローカライズされていないアプリの使い方を調べたい
→ 解説動画から字幕を日本語化して内容を確認できる

スピーチ動画を翻訳したい
→ タレントやニュースのスピーチも日本語に翻訳してチェックできる

YouTubeから効率的に情報を収集する

海外発信のチュートリアル動画からテクニックも学べる!

YouTubeはエンタメとしてだけではなく、さまざまな知識が集合する場所として有益だ。公開されている動画の中には、アプリや機材の使い方、基本的なテクニック、オリジナリティあふれる裏技などを紹介する内容も多く、書籍の購入や講座を受けずとも、チュートリアルやノウハウを入手することができる。

こうした動画の中には海外のYouTuberが制作した動画も多く、言語の壁が生じてくる。そこでおすすめしたいのが、YouTubeの「字幕の自動生成」機能。そして、翻訳サービスの「DeepL」だ。YouTubeには動画の音声を拾って、自動的に字幕を生成する機能がある。これを利用することで、解説動画で

あれば、その内容を文字として確認することができる。ただ、英語のトークは生成される字幕も当然ながら英語なので、翻訳サービスの「DeepL」を通して

日本語に翻訳してみよう。DeepLはカジュアルな話し言葉なども正確に翻訳してくれるため、YouTubeから文字起こしされたテキストとの相性は抜

群。かなり正確にニュアンスを汲み取ることができる。情報入手の幅が圧倒的に広くなるので、是非試してみよう。

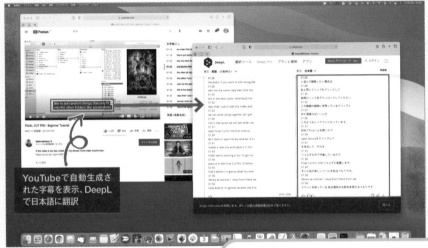

YouTubeで自動生成された字幕を表示、DeepLで日本語に翻訳

YouTubeの自動字幕生成機能と、DeepL翻訳を併用することで、英語のチュートリアル動画をすぐさま翻訳して情報を得ることができる。

DeepL
URL／https://www.deepl.com/ja/translator

※……DeepLについては、28ページにも関連記事があります。

YouTubeから文字を起こしてDeepLで翻訳する

1 「字幕」ボタンをクリックする

YouTube動画を開いたら、プレーヤー内にある「字幕」ボタンをクリック。

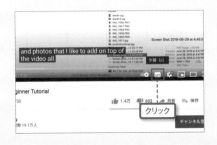

クリック

2 「文字起こしを開く」をクリック

プレーヤー下部にある「…」をクリックし、「文字起こしを開く」をクリックしよう。

クリック

3 文字起こしされたテキストをコピー

YouTubeによって自動生成されたテキストが表示されるので、選択してコピーする。

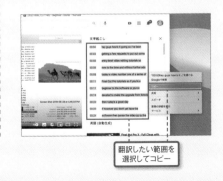

翻訳したい範囲を選択してコピー

YouTubeの動画を
キーボード操作で
快適視聴する

　YouTubeを見るならばぜひキーボードを使ったショートカットを覚えておこう。YouTubeのプレーヤーはマウスでシークバーの操作や音量操作、ボタン類を操作すればフルスクリーンへの切り替えなどもできるが、キーボードへも割り振られており、MacBookのキーボードやサードパーティ製キーボードを使ってもコントロール可能。ショートカットによってはマウスで操作するよりも遥かに効率的だ。

　操作に使うキーも直感的で、スペースキーで再生・停止のコントロール。「→」で5秒送り、「←」で5秒戻し。これらは、見逃してしまったシーンを見返したい場合に便利だ。また、本題に至るまでの前フリが長い場合なども、飛ばし飛ばしで確認できていい。他にも「1」～「9」キーには特定の位置へのショートカットが割り振られている。1なら10%、9なら90%の位置に即座にジャンプできるので、動画の本題や後半だけチェックしたい場合などに使っていこう。

キーボードで操作することで、マウスやトラックパッドを使ったコントロールよりも素早く、効率的に視聴できる。

YouTubeの
ショートカットキー
一覧

YouTubeではこれらのショートカットキーが利用できる。5秒、10秒単位でのコントロールは、要点を手早く押さえたいときにかなり便利なのでぜひ活用していこう。

操作	キーボードの割り当て
再生・停止	スペース / K
5秒送る	→
5秒戻る	←
10秒送る	L
10秒戻る	J
指定した場所に移動	1~9（1だと10%の位置、5では50%の位置）
フルスクリーン	F
音量アップ	↑
音量ダウン	↓
字幕	C
ミニプレーヤー	I
シアターモード	T

！ここが
ポイント

日本語の動画も
自動文字起こし対応

自動文字起こしができるのは、英語だけではない。YouTubeは、日本語でトークしている動画でも、AIによる自動文字起こしを行なっている。英語に比べると言い回しの複雑さ、語彙の多様さ故に正確性には大きく劣るため、テキストの書き起こしは期待できない。しかし、ある程度のニュアンスは伝わるので、音声が出せない場合に利用してみよう。

---

4 DeepLに貼り付ける

DeepLを開き、「原文の言語」欄にコピーしたYouTube字幕をペーストしよう。

DeepLにペースト

5 翻訳が始まる

DeepLにて自動的に日本語への翻訳が始まる。翻訳が終わるまでしばらく待とう。

2363文字中1474文字が翻訳済み

残りの翻訳をストップ

6 翻訳された内容を確認する

翻訳されたテキストを見つつYouTubeを再生しよう。タイムスタンプもしっかり反映されているのが便利だ。

翻訳された内容を見ながらYouTubeを再生

こんな用途に
便利!

画面をスッキリできる
→ 複数のウインドウで開いていたサービスやアプリを1つのウインドウに集約できる

専用アプリが不要になる
→ Twitterやインスタ、Gmailなども同一アプリで利用できるため、専用アプリが不要

大事な通知を見逃さない
→ 登録したサービスによっては、メールの受信などを通知してくれるので、大事な要件を見逃さない

さまざまなウェブアプリを
1つで管理できる便利アプリ

主要なサービスやウェブアプリを集約して効率的に利用する

チャットやメール、クラウドストレージなど、気付けば身の回りには、さまざまなウェブサービス、ウェブアプリがあふれかえっているという人も多いのではないだろうか。コミュニケーションやビジネスのシチュエーションで、今や欠かせなくなっているウェブサービスだが、サービスごとに異なるアプリが必要だったり、専用サイトにアクセスしたりしなければならず、たくさんのサービスを利用している人ほど、それが煩わしく、デスクトップも乱雑になりがちだ。

そんな状況を改善してくれるのが「Biscuit（ビスケット）」だ。Biscuitは、SNSをはじめとするウェブサービスの利用と管理に特化したブラウザアプリ

で、Mac版だけでなく、Windows版、Linux版も提供されている。Biscuitが一般的なウェブブラウザと異なるのは、登録したサービスが画面左のサイドバーに一覧表示され、目的のものをそこからクリックするだけで、そのサービスのページを表示できる点だ。サービスはその用途ごとにグループ化できるため、仕事用のサービス、プライベートのコミュニケーションに使うサービスといったように分類しておくと便利だ。さらに、タブブラウズ機能も備えているため、複数のページをタブのクリックで素早く切り替えることもできる。バラバラのアプリ、散らばったウインドウにストレスを感じているなら、Biscuitをぜひ検討してみてほしい。

Biscuit
作者／Toshitaka Agata
価格／無料
URL／https://eatbiscuit.com/ja

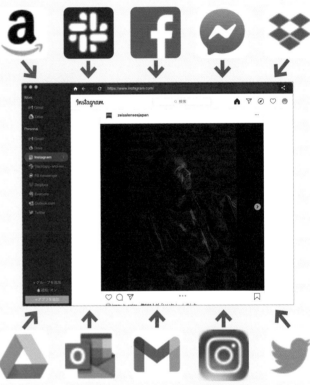

メッセージングやSNS、オンラインストレージ、AmazonなどのECサイトといったウェブサービス、ウェブアプリを1つのアプリに集約できる。利用するサービスを切り替えるには、画面左のサイドバーから目的のサービスをクリックする。

Biscuitを入手してサービスを登録する

1 公式サイトからアプリを入手する

公式サイトにアクセスして、「ダウンロード」のバナーをクリックし、続けて表示される画面で「Mac版Biscuitをダウンロード」のバナーをクリックする。

いつものアプリ、
タブに埋もれていませんか？

「ダウンロード」
をクリック

お気に入りのアプリに、

2 アプリを起動する

Biscuitを起動する。最初からGmailとGoogle Driveのサービスは登録済みになっている。サービスを追加する場合は、「アプリを追加」をクリックする。

「アプリを追加」
をクリック

3 サービスを選択する

登録可能なサービスが表示されるので、目的のものをクリックする。事前に「追加するグループ」でサービスの追加先グループを選択しておこう。

❶追加先グループ
を選択

❷目的のサービス
をクリック

主要なサービスを網羅、利用頻度が高いものを登録して活用しよう

前述のとおり、Biscuitの魅力は多彩なウェブサービスへの対応だ。下の手順2〜4のように操作してウェブサービスをBiscuitに登録することで利用できるようになるが、対応サービスがあまりにも多すぎて、目的のサービスが見つけられない場合は、手順3の画面の上部にある検索ボックスにサービス名を入力して検索しよう。現時点でも主要なウェブサービスのほとんどが網羅されているが、もし目的のサービスがない場合は、公式サイトで随時サービスの追加を受け付けているので、そこから要望を送ろう。

画面左のサイドバーでサービスを右クリックすると表示されるメニューから「新しいタブで開く」をクリックすると、現在開いているサービスの画面はそのままで、新たなタブに選択したサービスの画面が表示される。

チャット、メッセージング

リアルタイムのコミュニケーションに欠かせないSlackやFacebookメッセンジャー、Chatworkといったチャット、メッセージングサービスを登録、利用できる。

オンラインストレージ

大容量ファイルの保存や共有、バックアップに役立つクラウドストレージのDropboxをはじめ、Google Driveなどが利用可能だ。

ウェブメール

利用者の多いGmailやOutlook.comといったウェブメールサービスにも対応。Biscuit上でメールの受信や閲覧、作成、返信などが可能になっている。

SNS

TwitterやInstagram、Facebook、LinkedInといった主要SNSもBiscuitで利用できる。なお、Instagramはウェブ版のため、写真を投稿することはできない。

！ ここがポイント

メールやメッセージの受信を通知してくれる！

Biscuitには通知機能が備わっており、新着メッセージなどをリアルタイムで知らせてくれる。通知に対応するのは、メッセージングやウェブメール、SNSなどの一部のサービスで、サービスごとに通知の有効と無効を切り替えられるようになっている。

サイドバーのサービスを右クリック、メニューから「通知」→「通知を有効にする」をクリックすると、そのサービスから通知を受けられる。

---

4 「アプリを追加」をクリックする

「アプリを追加」ボタンが表示されるので、これをクリックする。続けてサービスのログイン画面が表示されるので、アカウントを入力すれば登録が完了する。

「アプリを追加」をクリック

5 グループを作成する

グループを追加するには、サイドバーの「グループを追加」をクリックする。グループはサイドバーに追加され、サービスを分類するために利用できる。

「グループを追加」をクリック

6 グループの名前を入力する

グループの名前を入力して「保存」をクリックする。作成したグループにサービスを登録する場合は、改めて手順2〜4の操作を行う必要がある。

❶グループ名を入力

❷「保存」をクリック

こんな用途に
便利!

資料になりそうなサイトを丸ごと保存する
→ 画像やテキストなどを含めてコンテンツを丸ごと保存できる。

表示しているページをキャプチャ保存する
→ 画像形式でページを保存することで、ほかの人と共有しやすくなる。

表示しているページをPDF形式で保存する
→ PDFで保存すれば電子書籍ビューアで閲覧可能になる。

資料として有用なウェブサイトは
丸ごとダウンロードして保存しよう

Webサイト全体を
まるごとMacへ
ダウンロードする

　Webには数多くの有用な情報が存在しているが、いざ必要な情報へアクセスしようとしてもサイト自体が消滅してしまっているケースも少なくない。また、URLやアクセス方法を忘れてしまう場合もあるだろう。有益な情報を見つけたら、消滅しないうちに保存しておくことが重要だ。

　Webサイトを資料として保存する際、ページ単位であれば、Evernoteのクリッピング機能やPocket、Safariのリーディングリストといった機能が便利だが、これらの方法でサイト全体をまとめて保存するのは非常に手間がかかる作業だ。いちいちリンクを辿ってページを保存するのは時間もかかり、うっかり重要なページを保存し忘

れてしまうといったミスも考えられる。

　そのような時に便利なアプリが、このSiteSucker。起点となるURLを登録するだけで、指定した階層までリンクを辿り、サイト全体をMacへ保存できる。画像はもちろん、階層構造やページのレイアウトもそのまま保存できるので、サイトの内容だけでなくデザインも含めて資料としておきたい時にも重宝す

る。ダウンロードしたデータは、オフラインで好みのブラウザを使って参照可能だ。

SiteSucker

作者／Rick Cranisky
価格／610円
カテゴリ／ユーティリティ

WebサイトをまるごとMacにダウンロードして保存しておき、サイトが消えてしまっても参照できる。もちろんネットに接続していない環境でも、いつでも内容を確認可能

SiteSuckerでWebサイトをまるごとダウンロードする

1 ダウンロードフォルダを
設定する

起動したらメニューから「Settings」をクリックして、「General」を開く。「Destination Folder」でダウンロード先のフォルダを指定しよう。

ダウンロード先
フォルダを指定

2 ダウンロードボタンを
クリック

メイン画面に戻ったら、対象のサイトのトップページのURLをペーストして、メニューの「Download」をクリックする。ダウンロードが始まる。

❷クリックして
ダウンロードする

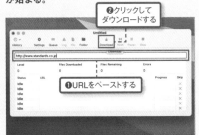

❶URLをペーストする

3 ダウンロードした
ファイルを開く

ダウンロードされると、サイトごとにフォルダが作成される。中にある「index.html」をダブルクリックするとブラウザが起動してダウンロードしたコンテンツを閲覧できる。

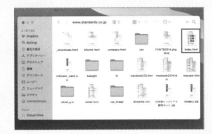

Webページ全体を
スクリーンショットで
保存する

Webサイト制作者であれば、デザイン見本として作成したページ全体をスクリーンショットで保存してクライアントに見せたいときがある。しかし、縦長のページの場合、スクロールバーを少しずつ動かしながら保存するとバラバラの画像になってしまい、あとで結合するのが面倒。そこで、ページ全体を丸ごと1枚のスクリーンショットに収めて保存できるアプリを使おう。

「BrowseShot」は、指定したURLのページ全体を丸ごと1枚のスクリーンショット撮影して画像形式で保存することができるアプリ。起動後、上部のアドレスバーに対象URLのページを指定し、横にある撮影ボタンをクリックするだけと使い方は簡単。指定したフォルダにPNG形式で保存できる。なお、ブラウザアプリのためネットサーフィンをすることもできる。

BrowseShot

作者／TXTLABS　価格／無料
カテゴリ／グラフィック＆デザイン

1 BrowseShotを起動する

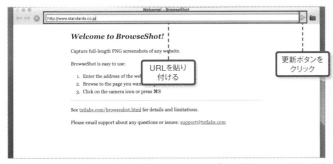

URLを貼り付ける

更新ボタンをクリック

BrowseShotを起動したら、アドレスバーにキャプチャ対象のURLを貼り付けて更新ボタンをクリックする。

2 キャプチャボタンをクリック

クリック

キャプチャ対象のサイトが表示されたらアドレスバー右端にあるキャプチャボタンをクリックしよう。

3 保存先を指定する

保存先選択画面が表示される。ファイル名や保存先を指定して「Save」をクリックしよう。

4 PNG形式で保存される

保存先フォルダを開くとPNG形式でサイトがキャプチャ保存されている。なお、Google Chromeを普段使っている人なら44ページで紹介した「Awesome Screenshot」の方が便利かもしれない。

ここがポイント

一定期間ごとにサイトを保存するには？

「ウェブ魚拓」（https://megalodon.jp/）は指定したページをキャッシュとして保存する無料サービス。URLを指定するとその時点におけるページ内容をスナップショット撮影してウェブ上に保存してくれる。時間の経過とともに内容が更新されて、コンテンツが変化しがちなページを保存したいときに便利だ。

保存後、閲覧するには対象のURLの前に「gyo.tc/」を付けてアクセスする。複数の時点のページ内容を閲覧できるようになる。

ここがポイント

表示しているページをPDF形式で保存する

ウェブページを画像形式ではなくPDF形式で保存したい場合は簡単。Safariブラウザには、表示中のページをPDF形式にして保存する機能が存在している。なお、Chromeブラウザでも表示中のページをPDF形式で保存することが可能だ。

1 Safariでダウンロードする

「PDFとして書き出す」を選択

Safariを使っている場合は、対象のページを表示した状態でメニューの「ファイル」から「PDFとして書き出す」をクリックしよう。

2 Chromeでダウンロードする

❷「保存」をクリック

❶「変更」から「PDFに保存」を指定

Chromeを使っている場合は、対象のページを表示した状態でメニューの「ファイル」から「印刷」を選択し、「送信先」で「PDFに保存」を選択して「保存」をクリックしよう。

並外れた性能のM1 Mac!
何がそんなにすごいのか?

2020年11月、Appleはこれまでの
Macと大きく異なる「M1」と呼ばれる新
しいチップを搭載したMacモデルのシ
リーズ、通称「M1 Mac」を発表した。実
際に使ってみたユーザーの多くから「恐

ろしく速い！」などその並外れた性能を
称賛する声が上がり、話題をさらってい
る。本特集では、そんなM1 Macの凄さ
と、大きな特徴であるiOSアプリの使い
方について詳しく解説していく。

新登場した、ハイスペックで低価格のマシンを超活用する!

特集

M1 MacBookで
iOSアプリを活用しよう

2020年秋にリリースされたM1 Macと呼ばれる新しいMacシリーズの
パフォーマンスを徹底検証。生まれ変わったMacを体験しよう。

M1 Macはここがすごい

アプリの起動や切り替えが爆速！

最大18時間のバッテリー駆動
（6時間増量）

iPhoneやiPadの
アプリが使える！

**ハードウェアとソフトウェアの
両方で良いことづくし！**

アップル独自のチップ「M1」を搭載し
たMacはハードウェア面とソフトウェ
ア面の両方においてこれまでのMacと

大きな違いがある。ハードウェア面では
処理速度やバッテリー効率の改良が目覚
ましい。ソフトウェア面では、Mac上で
iPhoneやiPadのアプリをダウンロード
して実行できるようになったことだ。

M1 Macに搭載された
アップル独自のチップとは？

**驚異的な処理速度と
バッテリー効率を
持ち合わせている**

M1 Macと呼ばれるモデルでは、これまでのインテル製のチップの代わりに、アップルが自ら設計、開発したチップ「M1」が搭載されており、従来のバラバラに用意されていた各種チップ（プロセッサ、I/O、セキュリティ、メモリなど）を1枚のチップに統合している。

バラバラになっていたチップを統合することによって、以前のモデルよりも処理速度を格段に向上させている。実際にM1 Macでアプリ操作をしてみると実感するが、まるでスマホのアプリのようにサクサク動き、遅延がなくスリープからの復帰時も速い。

また、優れた電力効率を持っているのもM1チップのもう1つの特徴だ。タスクを最小限の消費電力で実行できるよう設計されており、負荷の軽い作業を行うなら従来の10分の1の消費電力で済み、わずか4分の1の消費電力で以前のチップのパフォーマンスのピークに匹敵する性能を発揮する。M1チップ搭載のMacBookシリーズは、現在のところ2020年秋に発売された13インチMacBook Airと13インチMacBook Proのみとなっている。

**Windowsは動かすことが
できるか？**

MacでWindows環境を構築する場合、これまではBoot Campを利用することで対応できた。しかし、現在のところM1 Macではサポートされていない。また、一般的な仮想化ソフトを使っても動作していない。両方の環境を構築したい人は注意する必要がある。

複数のチップが1枚のシステムオンチップ（Soc）に集束しているのがIntel製Macとの違い。これによって処理速度が速くなっている。

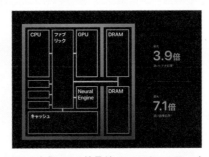

M1のもう一つの特長が、Appleのユニファイドメモリアーキテクチャ（UMA）。複数のメモリプールの間でデータをコピーする必要がなく性能と電力効率が劇的にアップ。

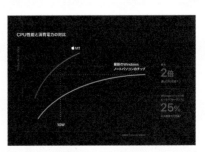

最小限の消費電力でタスクが実行できるよう設計されている。従来の10分の1の消費電力で目覚ましいパフォーマンスを発揮。

ここが
すごい！

iPhoneやiPadのアプリが使える
→ 普段愛用しているスマホアプリがデスクトップで使える

計算や経理が効率化する
→ 送料計算アプリや高度な電卓アプリを使えば効率よく計算ができる

交通情報が素早く取得できる
→ 交通情報アプリをインストールすればリアルタイムで運行情報をチェックできる

M1 Macで
Big Surを使ってみよう

macOSはBig Sur
を使う必要がある

2020年に秋にリリースされた最新macOS「Big Sur」は、これまでのインテルチップ製Macモデルだけでなく、M1チップ搭載のMacモデルにも用意されている。むしろBig SurはM1 Mac向けに設計されているとも言え、インテル製Macと異なりiPhoneおよびiPad用アプリをMac上で利用することができる。

M1 MacでMac App Storeを起動してiPhoneやiPadのアプリを検索してみよう。検索結果に表示され、実際にダウンロードできるはずだ。なお、iOSアプリと同名のMacアプリがある場合は検索結果画面のアプリ名横に「iPhone対応」や「iPad対応」というバッジが記載される。また、検索画面にある「iPhoneおよびiPad App」

の切り替えボタンを切り替えて、iOSアプリを探すこともできる。

ただし、現在のところ対応、または正常に動作するアプリは非常に少なく、ゲームや電子書籍、ニュース、ショッピングなどクリック操作が簡単なものに限られている。デスクトップ上でも使いたいと思っている

iPhoneアプリがあれば、検索してダウンロードしてみよう。

利用しているMacがM1チップを搭載しているかどうかチェックするには、Appleメニューから「このMacについて」を開こう。チップ名に「Apple M1」と記載されていればM1チップ搭載機種だ。

チップ Apple M1

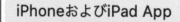

iPhoneおよびiPad App

"電卓"の検索結果

電卓*
基本的で科学的な計算機

入手

電卓 - 計算機 for iPad
含むでんたく 関数電卓単位変換

また、Mac App Storeの検索結果画面上部に「iPhoneおよびiPad App」という項目があれば、M1チップ搭載Macの証拠。インテル製チップのMacだとこの表示がない。

iPhoneやiPadのアプリをダウンロードしてみよう

1 アプリを検索して
ダウンロードする

Mac App Storeでアプリ名を検索したら、「iPhoneおよびiPad App」をクリックして、目的のアプリを探してダウンロードする。

"電卓"の検索結果

「iPhoneおよびiPad App」
をクリック

ダウンロード

Powerful scientific calculator

2 購入履歴からダウンロード

目的のアプリが見つかりづらい場合はiPhoneやiPadでのアプリ購入履歴から探そう。アカウント名をクリックし、「iPhoneおよびiPad App」をクリック。

「iPhoneおよびiPad App」
をクリック

アカウント名
をクリック

3 App Storeに表示されるが
ダウンロードできないこともある

Mac App Storeに表示されていても、開発元が非公開にしている場合は、「Appに互換性がありません」と表示されダウンロードできない。この場合は諦めよう。

Appに互換性がありません
このAppはお使いのMacと互換性がないため、ダウンロードできません。

OK

Macに
インストールしておきたい
iOSアプリはこれだ

iPhoneやiPadのアプリがインストールできるといっても、実際にどんなアプリをMac上で使うのが便利なのかわからないユーザーも多いだろう。おすすめの1つは計算関係のアプリ群だ。デスクトップに向かって何か計算するとき、手元のiPhone計算アプリを併用することが多いはず。この手のアプリはシンプルな設計ということもあり、多くはMac App Storeからもダウンロードして利用できる送料計算アプリや高機能な計算機アプリをインストールしておけば、効率的に仕事がこなせるようになるだろう。

ほかにおすすめは情報関連のアプリ。iPhoneで人気の「駅探」をインストールしておけばデスクトップで素早く最新の運行情報や経路、時刻表をチェックできる。また航空会社を利用する機会が多い人なら「駅探飛行機時刻表国内線」を入れておけば、出発空港と到着空港の時刻表を素早くチェックできる。

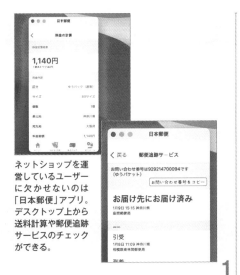

ネットショップを運営しているユーザーに欠かせないのは「日本郵便」アプリ。デスクトップ上から送料計算や郵便追跡サービスのチェックができる。

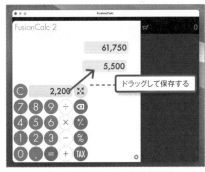

Macには「計算機」アプリが標準搭載されているが過去の計算を記録できず不便。「FusionCalc2」なら計算結果をドラッグすることで保存することが可能。

1 2
3 4

家計簿をデスクトップ上で付けるなら「シンプル家計簿」がおすすめ。アカウントなどの登録不要で、支出金額と支出項目を選択するだけでよい。カレンダーやレポート機能も搭載している。

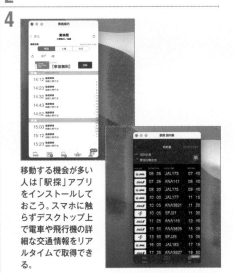

移動する機会が多い人は「駅探」アプリをインストールしておこう。スマホに触らずデスクトップ上で電車や飛行機の詳細な交通情報をリアルタイムで取得できる。

ここがポイント
M1チップに最適化されたGoogle Chrome

Chromeブラウザはもともとインテル製Macモデルでもダウンロードして利用できたが、M1 Macの登場とともにこれまでのChromeとは別にM1 Mac専用のChromeをリリースしている。これまでのChromeよりもCPUの使用量が最大5倍削減され、バッテリーの持ちが1.25時間増え、起動が25％高速化しているという。Chromeのサイトでアプリをダウンロードする際に表示される画面で「Appleプロセッサ搭載のMac」を選択しよう。

「Appleプロセッサ搭載のMac」を選択する

4 アプリを起動する

ダウンロードしたら、アプリケーションフォルダにアイコンが追加されるのでクリックして起動しよう。iPhoneやiPadサイズのアプリが起動する。拡大できる場合もある。

5 キーボードでアカウントを入力する

アカウントやパスワードの入力が必要なアプリはMacのキーボードで入力しよう。ただし、うまく入力できないアプリもある。

キーボードで入力する

6 通知にも対応している

アプリの通知機能にも対応している。通知があった場合は、通知センターに通知を表示してくれる。Macアプリ同様、システム環境設定の「通知」から通知設定を変更できる。

ここが
すごい！

→ **M1 Macで利用できるアプリを調べられる**
→ M1 Macとintel製Macのアプリを区別できる

→ **iPhoneやiPadのアプリも調べられる**
→ M1 Mac上で利用できるiOSアプリも調べることができる

→ **iPhoneやiPadのアプリをダウンロードできる**
→ アプリ上から直接iOSアプリを検索してダウンロードしてインストールできる

Mac／iPhone上のアプリが M1 Macに対応しているかをチェック

iMobie M1 App Checker を使おう

Mac App StoreからダウンロードしてM1 Macにインストールできるアプリはたくさんあるが、実際に起動してみると、エラーで使えないアプリも多数ある。自分が普段、インテル製MacやiOSデバイスで愛用しているアプリがMacで動作するかチェックするには「iMobie M1 App Checker」を使おう。

iMobie M1 App Checkerは、MacおよびiOSデバイス上にあるアプリが、M1 Mac上で動作するかチェックしてくれるアプリ。iMobie M1 App Checkerの公式サイトから無料でダウンロードすることができる。起動したら左にあるメニューから「Mac」を選択して「スキャン」をクリックしよう。結果画面に緑文字で「Universal」と表示されれば対応している。

「Intel64」と表示された場合は、これまでのIntel製Macには対応しているが、M1 Macでの動作は不透明だ。

まだ、M1 MacにインストールしていないアプリやMac App Storeで検索しても見つからないアプリがある場合は、iMobie M1 App Checkerの公式サイトにアクセスしてアプリ名を検索してみよう。動作可能かどうか教えてくれる。

なお、iMobie M1 App Checkerを利用したアプリのインストールは公式ではないため、インストール後のアプリのトラブルは自己責任となる点に注意しよう。

iMobie M1 App Checker

作者／iMobie　価格／無料
URL／https://www.imobie.jp/m1-app
-checker/

iOSアプリの動作情報も調べられるがiOSデバイスにインストール済みのアプリに関しては調べられない

Warning!!

このアプリに関する制限は、刻々と変化しているため、本記事と同じような操作ができない場合があることをご了承ください。

インストールしていないMacアプリやiOSアプリはウェブ版で動作状況を確認できる

アプリ版iMobie M1 App Checkerは、インストール済みのアプリの動作情報を確認できる

iMobie M1 App Checkerは、インストールアプリ版とウェブ版の違いを事前にチェックしておこう。ウェブ版ではまだインストールしていなかったり、Mac App Storeに表示されないアプリの動作状況を確認できる。

iPhoneやiPadのアプリをダウンロードしてみよう

1 iMobie M1 App Checkerをダウンロードする

iMobie M1 App Checkerを利用するには公式サイトにアクセスしてプログラムをダウンロードする必要がある。「無料ダウンロード」ボタンをクリックしよう。

クリック

2 「Mac App」タブを開いてスキャンする

アプリを起動したら左メニューから「Mac App」をクリックして「スキャン」をクリックしよう。

「Mac App」をクリック

クリック

3 スキャン結果が表示される

M1 Macに対応しているかどうか教えてくれる。緑文字で「Apple Silicon」や「Universal」と表示されればまず問題ない。「Intel64」と記載されているものは正常に動作しない可能性がある。

緑文字なら問題なし

ipaファイルを
ダウンロードしよう

iMobie M1 App Checker は、動作検証をチェックするだけなく、iOSアプリのipaファイルを直接ダウンロードして、インストールできるという大きなメリットがある。起動可能だがMac App StoreからダウンロードできないiOSアプリがあるときに利用するといいだろう。

なお、アプリをダウンロードする前に公式サイトで動作検証のチェックをしておこう。ダウンロードするにはメニューの「iPhone App」で目的のアプリを検索したあと、右側にあるダウンロードボタンをクリックしよう。ライブラリに自動でダウンロードされたあと、保存フォルダを指定すればipaファイルが現れる。ダウンロードする際は利用しているApple IDを入力する必要があり、またiOSでの購入履歴が必要になる。自分がiOSで入手していない新しいアプリをダウンロードすることはできない点に注意しよう。

❷「Appを検索」を選択
❶「iPhone app」を選択
❸キーワードを入力する

左メニューから「iPhone App」を選択し、「Appを検索」をクリック。検索フォームからキーワードを入力し、目的のアプリをクリックする。

1

「Appライブラリ」をクリック
ダウンロードされる

初回時はApple IDのログイン画面が表示されるので、利用しているApple IDを入力する。その後、「Appライブラリ」を開くとダウンロードしたアプリ名が表示される。

2

3

「開く」をクリック

アプリ名横の開くボタンをクリックするとipaファイルの保存先選択画面が表示される。選択して「開く」をクリック。ipaファイルが出力される。

4

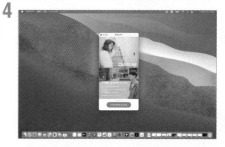

ipaファイルをダブルクリックするとアプリケーションフォルダにインストールされる。アプリケーションフォルダから起動しよう。

⚠ ここがポイント

ライブラリから
アプリを削除する

不要になったアプリはiMobie M1 App Checkerのライブラリ画面で対象のアプリにチェックを入れて「削除」をクリックしよう。ただし、これはライブラリから削除されているだけでMacにはインストールされた状態なので注意。Macにインストールしたアプリを削除したい場合は、通常のアプリのアンインストールと同じくアプリケーションフォルダからゴミ箱にドラッグ＆ドロップすればよい。

チェックを付けて「削除」をクリック

---

4 Rosetta2経由対応の アプリを調べる

Intel用Mac用に開発されたアプリをM1 Macで使う際、多くの場合Rosettaというプログラムが自動的に割り当てられ動作する。左上のメニューからRosettaプログラムに対応しているアプリを調べることもできる。

「Rosetta2経由でM1 Mac対応のApp」を選択する

5 公式サイトで動作を チェックする

Mac App Storeなどで目的のアプリが表示されずインストールできない場合は、iMobie M1 App Checkerの公式サイトでアプリ名を入力しよう。動作可能か教えてくれる。

アプリ名を入力する
動作状況を教えてくれる

6 iPhoneアプリの動作も チェックする

なお、ウェブ版ではiPhoneアプリの動作もチェックできる。App Storeに目的のiPhoneアプリが表示されないときはチェックしてみると、対応していないことが多い。

アプリ名を入力する
「iPhone Appをチェック」を開く

「未対応」と記載されているiPhoneアプリでも実は利用できる場合がある

チェック時に「未対応」と書かれても挑戦してみよう

iMobie M1 App CheckerからダウンロードできるiOSアプリの中にはM1 Mac未対応のものも多く、インストールして起動しようとしてもエラーで動作しないこともある。「NetFlix」など映像サービス系のアプリが代表例といえるだろう。iMobie M1 App Checkerの公式サイトでは、そのような未対応アプリを事前に調べることができる。ダウンロードする前に対応しているか必ずチェックしておこう。

しかし、中には「未対応」と表記されていても実際にダウンロードして、インストールして起動してみると問題なく使えることもある。たとえば「Instagram」や「Facebook」アプリなどソーシャルネットワークのアプリはすべて「未対応」表記と記載されているが、実際に、iMobie M1 App Checkerからダウンロードして起動してみると、特に問題なく動作する。

M1版MacBook Proでは問題なく動作するが、M1版MacBook Airでは動作しないという報告もウェブ上では見られることから、マシン環境と関係があるかもしれない(筆者はM1 Mac Book Air)。

このようなことから、ウェブ上で「未対応」と記載されているが、実際には動作するケースも多いので、使いたいアプリがあれば動作しないと判断せずに実際にインストールして使ってみよう。

まずはiMobie M1 App Checkerの公式サイトにアクセスして対象のアプリが動作するかチェック。Instagramの場合、操作可能かどうかで「できません!」と判定される。

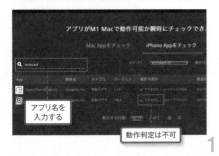

アプリ名を入力する

動作判定は不可

1

実際に動作するかしないかチェックしてみよう。iMobie M1 App Checkerを起動し、「Appを検索」でInstagramを検索する。検索結果に表示されるのでダウンロードボタンをクリック。

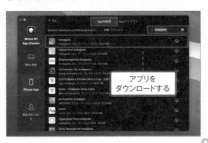

アプリをダウンロードする

2

「Appライブラリ」に切り替える。アプリが保存されているので、開くボタンをクリックしてipaファイルの保存先を指定しよう。

「Appライブラリ」をクリック

クリックして保存先を指定する

3

インストール後、実際にInstagramを実際に起動してみよう。動作チェックでは「できません!」と記載されていたが、問題なく起動できた。

4

同じようにFacebookアプリも動作不可と記載されていたが、実際にダウンロードして使ってみると問題なく起動できた。

5

iOS版YouTubeアプリも使用することができる。通常MacではYouTube Musicアプリしか利用できないが、動画を閲覧するならこちらがおすすめだ。最小化しても音声が途切れることがない。

6

! ここがポイント

10インチ以下のiPadを所有しているならオフィス系アプリを使おう

マイクロソフトが提供しているWordやExcelのアプリをMac上で利用する場合、閲覧は無料だが編集するには課金する必要がある。しかし、iPad版Excelアプリをインストールすることで無料でExcelの編集機能が利用できる。無料版では編集、数式や関数、フィルタなど基本的なエクセル編集をキーボードとマウスを使ってサクサクと行える。ただし、編集を行う際は事前にMSアカウントに登録しておく必要がある。

Chapter 3

編集

E D I T

こんな用途に便利!

手書きノートアプリにテキスト入力できる
→ テキスト入力中心に手書きノートを利用したい人

手書きのイラストを文書によく挿入する人
→ Sidecarを使って一時的に手書き作業ができる

PCのようにノート整理をしたい人
→ GoodNotes 5のフォルダ機能はPCのファイラーにそっくり

iPadで人気のノートアプリを
Macでも活用する

**GoodNotes 5のMac版で
手書きとテキスト入力を
併用したノートを作る**

　iPadで人気のアプリといえば、Apple Pencilを使って手書きのノートを作成できる「GoodNotes 5」だが、Mac版もリリースされている。インストールしておけば、iCloud経由でiPadで作成したノートや注釈を入れたPDFを同期してデスクトップ上で閲覧することが可能だ。日常的にiPadも併用している人はインストールしておこう。

　また、iPad版と同じ機能をMac上でも使用することができる。インタフェースはiPad版とほとんど変わらないので操作に戸惑うことはないだろう。デスクトップ上で新たにノートを作成したり、PDFを読み込んで注釈を付けることができる。デスクトップ版の便利なところは

ノートにキーボードを使って素早くテキストを入力できること。手書きではなくテキストベースのノートを作成したい人に便利だ。

　なお、手書き作業はiPadと異なりマウスやトラックパッド操作で手書きノートを作成することになるが、Sidecar機能を併用すれば、Apple PencilでiPadでの手書き作業が可能となる。Macに保存しているPDFや写真に手書きで注釈を付けたいときに利用しよう。

GoodNotes 5

作者／Time Base Technology Limited
価格／980円
カテゴリ／仕事効率化

**テキスト入力も手書きも
超快適に行える!**

キーボードでテキスト入力したいときはMac版を利用し、手書き作業がしたくなったときは同期、またはSidecar経由でiPadに切り替えて使うのが効率的

■ Mac版GoodNotes 5でノートを作成・整理しよう

1 ノートにキーボードでテキスト入力する

GoodNotes 5でテキスト入力するには、ツールバーメニューからテキストボタンをクリックする。ツールバー右からテキストサイズやフォント、カラーを選択しよう。

フォント、サイズ、
カラーを選択する

テキストボタン
をクリック

2 テキスト全体を1つのパーツとして扱う

キーボードでテキストを入力していこう。入力したテキスト全体が1つのパーツとして扱われる。ドラッグして位置を調節したり、左右にある青いマークをドラッグして大きさを調節できる。

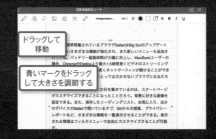

ドラッグして
移動

青いマークをドラッグ
して大きさを調節する

3 Mac上にある写真を貼り付ける

Macに保存している写真やファイルをノートに貼り付けるには、直接ドラッグ&ドロップすればよい。またツールバーの写真アイコンから「写真」に保存しているファイルをインポートできる。

「写真」から
写真を選択する

ドラッグ&ドロップ
で貼り付ける

フォルダ機能や共有機能が便利なGoodNotes 5

GoodNotes 5がほかのノートアプリより優れている点はファイル整理機能だ。パソコンライクなフォルダ（Windowsの「エクスプローラ」、Macの「Finder」）を作成してノートを分類することができ、フォルダ内にはサブフォルダを無制限に作成することができる。ノートの数が増えてきたら内容別にフォルダ分類するといいだろう。フォルダには好きな名前を付けることが可能だ。各ノートはデスクトップにドラッグ＆ドロップすることでPDF形式にエクスポートできる。

GoodNotes 5は共有機能を搭載しており、ノートを右クリックして表示されるメニューで「共同制作」を選択するとノートをほかのユーザーと共有して、作業することができる。

「ノート」もしくは「フォルダ」を選択する

「+」をクリック

ノートやフォルダを作成するには、書類画面で新規ボタンをクリックする。メニューが表示されるので「ノート」もしくは「フォルダ」を選択しよう。

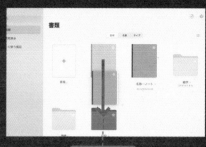

ドラッグ＆ドロップで移動

ノートやフォルダを移動するには、ドラッグ＆ドロップすればよい。また、フォルダ内にさらにサブフォルダを作成できる。

1 2
3 4

ノートを右クリックして「共同制作」をクリック。「リンクの共有」を有効にして「リンクを送信」をクリックしよう。

有効にする

「リンクを送信」をクリック

共有リンクを送信するアプリを選ぶ。ここでは「メール」を選んだ。メールアプリが起動して共有リンクが貼られたメールが起動するのでアドレスを入力して送信しよう。

！ここがポイント

ほかのiPadノートアプリのMac版も使ってみよう

GoodNotes 5以外にもMacに対応しているiPadのノートアプリはいくつかある。GoodNotes 5と並んで人気のノートアプリ「Noteshelf」や「Notability」もMac版がリリースされている。Noteshelfは多機能なことで知られるノートアプリ。Notabilityはオーディオの録音機能を搭載していることで人気のノートアプリだ。すでにiPadで愛用しているノートアプリがあればMac版があるかApp Storeで探してみよう。

---

4 Sidecarを使ってiPadで手書きをする

ノートにiPadを使って手書き入力をしたくなった場合は、Sidecarを利用しよう。ウインドウ左上の緑ボタンにカーソルをあて「iPadに移動」をクリックする。

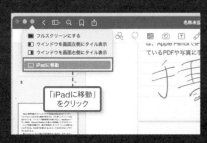

「iPadに移動」をクリック

5 iPadで手書きを行う

iPadの画面に切り替わる。Apple Pencilを使って直接ノートに手書きをすることができる。わざわざiPad版GoodNotes 5を利用する必要はない。

iPadで手書きをする

6 ドラッグ＆ドロップでデスクトップに書き出す

作成したノートをMacのデスクトップにドラッグ＆ドロップするとPDF形式で出力される。ノート全体を丸ごとPDF形式で出力することもできる。

ドラッグ＆ドロップで出力する

編集
EDIT

こんな用途に
便利!

定型文を素早く入力したい
→ よく使う文言を定型文として登録できる

複数の項目をコピーしておきたい
→ さまざまな内容を記録してコピペを最適化

メール・文章入力を素早く終わらせたい
→ 入力・変換・コピペの最適化で仕事効率大幅UP!

テキスト入力と編集を飛躍的に効率化する
ヘルパーアプリを活用する

**履歴と定型文で
コピペを最適化して
作業効率大幅アップ**

メールを書いたり、資料を作成したり、プレゼンテーションを作ったりと、Macで文書を作成する時にはコピー＆ペースト、いわゆる「コピペ」が多用される。インターネットで調べた資料を引用として貼り付けたり、一度書いた文章の順番を入れ替えたりと、テキストエディットにおいてコピペは必要不可欠な操作だ。しかし、コピペの弱点としては、直前にコピーした内容しか貼り付けられないところにある。

この弱点をカバーするアプリが「Clipy」だ。コピーした素材を一時保管しておく「クリップボード」を拡張するアプリで、コピーした文字、画像などはClipyに履歴として保存されていく。そして貼り付け時にはその

履歴から選べるようになるわけだ。これを利用すれば、コピペをさらに効率的にできるうえ、「コピーした内容を上書きコピーで消してしまった！」といった場合にも、履歴からたどれば再び貼り付けできる。

また「スニペット」と呼ばれる定型文入力機能では、事前に定型文を登録しておくことで、それらを素早くペーストできる。メールの書き始め、書き終わり、

住所、電話番号、季節の挨拶など、多用する文言を登録しておくと便利だ。

Clipy
作者／Clipy Project
価格／無料
URL／http://clipy-app.com

複数の文字、画像を履歴としてコピーでき、ショートカットで呼び出せる

スニペットで定型文を登録。必要なときに素早くペーストして、メールや文章入力を効率化！

Clipyの設定を見直してコピペをさらに最適化

1 環境設定にアクセスする

Clipyの設定を変更するにはメニューバーのアイコンから「環境設定」をクリックする。

クリック

2 履歴数の変更

「一般」メニューで見直すべきはクリップボードの履歴。標準では「30」になっているが、メモリと画面の広さに応じて調整していこう。スペックが低い場合は20程度でも十分だ。

覚える履歴の
数を設定

3 ショートカットを見直す

「ショートカット」では、各メニューを呼び出すためのショートカットを登録できる。初期設定ではメインメニューは「Command＋Shift＋V」。使いやすいものに変更しよう。

邪魔な装飾を削除し
プレーンテキストで
ペーストする

コピーした文字を貼り付ける際、Wordやテキストエディットなど、アプリによってはコピー元の文字装飾まで貼り付けられてしまう。そのままだと、ペースト後に書式を直すといった無駄な作業が必要になるので、これを改善し、装飾なしのプレーンテキストでペーストできるようにしよう。

プレーンテキストでペーストするにはいくつか方法がある。シンプルなのは「command」＋「Shift」＋「Option」＋「V」キーでペーストする方法。このキーの組み合わせで書式をクリアしてプレーンテキストをペーストできる。ただ、これを毎回やるよりは、コピペの際に自動的に書式をクリアしてくれる「Get Plain Text」が便利だ。「自動消去」を有効にしておくだけで、意識せずにプレーンテキストでコピペできる。

Get Plain Text

作者／Alice Dev Team
価格／無料
カテゴリ／ユーティリティ

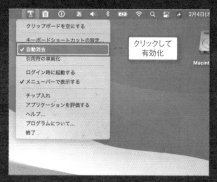

Get Plain Textを実行するとメニューバーにアイコンが追加される。そちらをクリックし「自動消去」をクリックして機能を有効化する。

書式が設定された
テキストをコピー

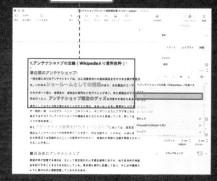

Pages、Word、テキストエディットなど、書式がある文字をコピーしてみよう。

1 2
3 4

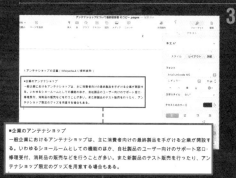

プレーンテキストで貼り付けられる

ペーストすると書式がクリアされたプレーンテキスト状態で貼り付けられる。

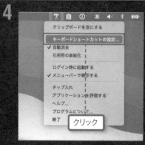

クリック

「自動消去」を使わずに、好きなタイミングで書式を削除したいなら、ショートカットキーを設定しよう。メニューから「キーボードショートカットの設定」をクリックして、キーを指定すればいい。

！ここが
ポイント

ClipyとGet Plain Textを
併用して履歴を
プレーンテキスト化

クリップボードを拡張して履歴機能を利用できる「Clipy」と、コピーしたテキストの書式をクリアする「Get Plain Text」。同じクリップボード監視アプリだが、実は両アプリは同時利用が可能だ。併用することで、コピーしたテキストはプレーンテキスト状態でClipyへと送られるようになる。ただし、同時に利用する場合は、ショートカットキーが被らないように注意しよう。

常にプレーンテキストでClipyの履歴に送ることができて便利になる。

---

4 スニペットのフォルダを作る

メニューバーのメニューから「スニペットを編集」を選択。「フォルダの追加」ボタンからフォルダを作る。ここでは「ビジネス用」とした。

フォルダ追加

5 スニペットを追加する

「スニペット追加」をクリックし、タイトルと内容を入力していこう。季節の挨拶や多用する言葉などを登録しておくと便利。

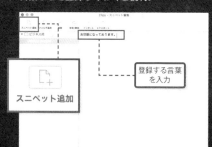

登録する言葉
を入力

スニペット追加

6 スニペットを貼り付ける

メニューを表示すると作成したスニペットを選んで貼り付けられる。スニペットは複数登録できるので、いくつか登録しておこう。

こんな用途に便利!

スクリーンショットを手軽に撮影したい
→ 標準機能と同様の操作で、任意の部分をすばやく撮影できる

スクリーンショットを参照しながら作業したい
→ 撮影後、常にデスクトップ最前面にスクリーンショットが表示される

スクリーンショットにメモなどを描き込みたい
→ 編集機能を使って、フリーハンドで線や図形などを描き込むことができる

デスクトップ作業を格段に便利にできる「Snappy」

簡易メモとしてのスクリーンショットをすばやく撮影

ウェブページの記事を参考資料として残しておきたい、アプリでの作業状態を記録したい、実際の操作画面を見せて説明したいなどというケースでよく使われるスクリーンショット。これは画面全体、あるいは任意の部分を画像にする機能で、Macでもcommand+shift+3、あるいは4のショートカットキーを押すことで、スクリーンショットを撮影できる。しかし標準機能でスクリーンショットを撮ると、そのつどデスクトップに画像ファイルが作成されてしまい、後から整理するのは大変だ。何より、スクリーンショットの大部分はその場でのみ必要なもので、用が済んだらすぐ不要になってしまうので、わざわざ画像ファイルとして保存され

るのは煩わしいという人も多いのではないだろうか。

そんな標準スクリーンショット機能の不満を解消してくれるのが、「Snappy」だ。Snappyでは、command+shift+2のショートカットキーを押して撮影モードに入り、画面の任意の部分をドラッグしてそのスクリーンショットを撮影する。撮影したものはデスクトップにフローティングウインドウとして最前面に残り、ファイルとしては保存されないため、標準機能のようなファイル整理の煩わしさもなく、スクリーンショットを簡易的な画像メモとして活用できる。スクリーンショットはアプリ専用のライブラリに保存されているので、後から再利用することもできる。

Snappy

作者／Nextwave Digital
価格／無料
カテゴリ／仕事効率化

撮影したスクリーンショットを常時最前面に表示できる

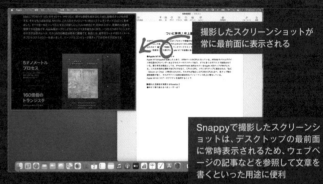

撮影したスクリーンショットが常に最前面に表示される

Snappyで撮影したスクリーンショットは、デスクトップの最前面に常時表示されるため、ウェブページの記事などを参照して文章を書くといった用途に便利

撮影履歴は専用スペースに保存される

スクリーンショットは専用のライブラリに保存

デスクトップではなく、メニューバーのアプリアイコンからアクセスできる専用ライブラリに、スクリーンショットが保存される。ここから履歴をさかのぼってスクリーンショットをデスクトップに再表示できる

アプリを初期設定し、スクリーンショットを撮影する

1 アプリを初めて起動する

Snappyを初めて起動すると、操作説明の画面が表示される。「Always show on start」のチェックが外れていることを確認し、「Got it!」をクリックする。

クリック

2 メッセージが表示される

初めて起動したとき、初めて撮影するときに下のようなメッセージが表示されるので、それぞれで「"システム環境設定"を開く」をクリックして設定に進む。

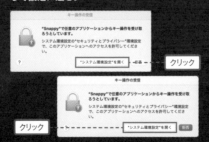

クリック

3 アプリにチェックを入れる

システム環境設定の「セキュリティとプライバシー」→「プライバシー」の画面で、「入力監視」と「画面収録」のそれぞれで、Snappyにチェックを入れる。

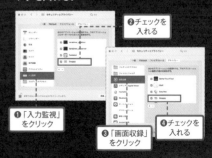

❷チェックを入れる

❶「入力監視」をクリック

❸「画面収録」をクリック

❹チェックを入れる

編集機能を使って、スクリーンショットに手描きしたり、半透明にしたりできる

撮影したスクリーンショットにメモやイラスト、図形などを描き込みたい場合は、アプリの編集機能を使おう。編集機能には、フリーハンドで描く「B」、テキストを入力する「T」、図形を描く「ROA」という3つのモードが用意されているので、目的に応じて使い分けよう。それぞれのモードで、描画色や線の太さを選択できる。

スクリーンショットを表示しながら別アプリで作業したい場合、ウインドウの大きさによってはそれぞれが重なってしまい、作業に支障を来すことがある。そんなときは、スクリーンショットのウインドウを半透明にして、重なった部分を見えるようにするといいだろう。

Snappyで撮影し、ライブラリに保存されたスクリーンショットは、JPEGのファイルとして書き出すこともできる。ワープロ文書内に挿入したり、メールに添付して他の人と共有したりしたい場合は、書き出し機能を使おう。

編集モードを切り替える

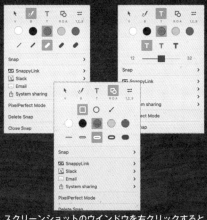

スクリーンショットのウインドウを右クリックすると表示されるパレットで、上に並ぶボタンをクリックすると、編集モードを切り替えられる。 **1**

スクリーンショットにメモを描き込む

編集モードで描画色や線の太さ、図形の形を選択し、スクリーンショット上をドラッグすると描き込むことができる。なお、Tモードでの日本語入力はできない点に注意しよう。 **2**

3 4

半透明にする

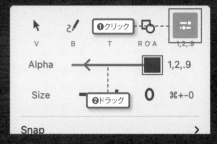

スクリーンショットを右クリックすると表示されるパレットで、「1,2,.9」をクリックし、「Alpha」のスライダを左にドラッグすると、ウインドウが半透明になる。

画像ファイルとして書き出す

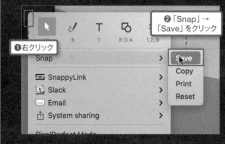

スクリーンショットを再利用する場合は、画像ファイルとして書き出す。書き出しはスクリーンショットを右クリックして、「Snap」→「Save」とクリックする。

！ ここがポイント

Snappyのショートカットキーを確認する

ショートカットキーを使えば、キーボードから手を放すことなくさまざまな操作ができるので便利。Snappyでもさまざまな操作にショートカットキーが割り当てられているので活用しよう。ショートカットキーを確認するには、メニューバーのアプリアイコンをクリックし、表示されるメニュー右上の「i」をクリックすると、ブラウザが起動してショートカットキー一覧が表示される。

Snappyのショートカットキーは、ウェブブラウザで確認できる。よく使う操作のものを覚えておけば、作業効率がアップするはずだ。

---

4 撮影範囲をドラッグする

アプリを起動したら、command+shift+2キーを押し、続けてスクリーンショットとして撮影する範囲を囲むようにしてドラッグする。

command+shift+2を押してドラッグ

5 スクリーンショットが撮影される

スクリーンショットが撮影され、デスクトップの最前面に表示される。ウインドウはドラッグして画面上の好きな位置に移動したり、枠をドラッグして大きさを変えたりできる。

6 スクリーンショットを閉じる

ウインドウ内で右クリックすると表示されるメニューから「Close Snap」をクリックするか、ウインドウ内でダブルクリックすると、ウインドウが閉じられる。

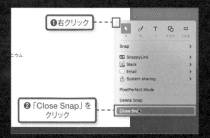

❶右クリック
❷「Close Snap」をクリック

065

編集
EDIT

こんな用途に
便利!

→ **PDFに注釈を入れる**
Foxit Readerは無料ながら多数の注釈ツールを備えている。

→ **Windows上でもきちんと表示**
Windowsでうまく表示されなかった注釈もFoxit Readerならきちんと表示される。

→ **注釈入りのPDFを快適に閲覧**
Foxit Readerは入力された注釈を見落とさないようにする閲覧機能を多数している。

無料で高機能なPDF編集アプリで
赤字入れや修正を行おう

**Windowsと互換性が高く
高機能なPDF編集アプリが
Macにも存在している**

Macに標準で搭載されている「プレビュー」はPDFにちょっとした赤字入れや注釈を行うときに便利だ。しかし、プレビューで開いた注釈入りのPDFは表示形式が少し特殊なため読みづらい。注釈内容をきちんと表示できるPDF編集アプリを探しているなら「Foxit Reader」を使おう。

Foxit Readerは無料で使えるPDF編集アプリ。もともと起動が高速で動作が軽快なことで評判の高いWindows用のアプリだったが、Mac版でもリリースされている。Windows環境との互換性が非常に高いため、Macで入力した注釈がWindows上で見られなくなるといったトラブルに陥ることはない。Windowsで作成、注釈を付け

たPDFもきちんと表示できる。これまで仕方なく動作の重いAdobe Readerや高価な市販のアプリを使っていた人は乗り換えがおすすめだ。

ただ、アップデートも少なく、英語版しか存在しないため、少し使いづらい。また注釈機能自体には問題がないものの、数十回に一度ぐらいの割合で強制終了してしまうなど、一部不具合も見られる。編集する

際はまめにファイルのバックアップをとった上で利用しよう。

Foxit Reader

作者／Foxit Corporation
価格／無料
カテゴリ／仕事効率化

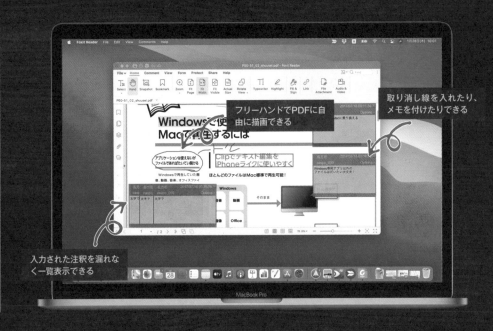

フリーハンドでPDFに自由に描画できる

取り消し線を入れたり、メモを付けたりできる

入力された注釈を漏れなく一覧表示できる

PDFの基本的な編集は「Comments」メニューから行おう

1 テキストに取り消し線を引く

PDF上の指示を入れたい部分のテキストを選択した状態で、メニューの「Comment」から「Strikeout」で取り消し線を引くことができる。

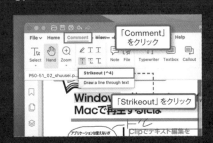

「Comment」をクリック

「Strikeout」をクリック

**2 ノートを入力して
注釈を付ける**

ノートを入力して注釈を入れたい場合は、メニューの「Comment」から「Note」を選択後、ノートを付けたい部分をクリックしよう。ノートが現れるのでテキストを入力する。

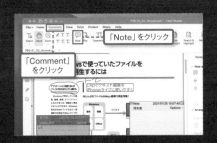

「Comment」をクリック

「Note」をクリック

**文字入力中に
固まってしまう場合は?**

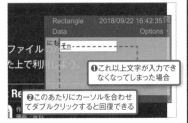

❶これ以上文字が入力できなくなってしまった場合

❷このあたりにカーソルを合わせてダブルクリックすると回復できる

Foxit Readerで注釈テキストを入力する際、マシンの相性にもよるが、入力中にフリーズすることがある。アプリ全体ではなく、入力箇所がフリーズしているだけなので、カーソルを指定の位置に合わせてダブルクリックしてみよう。

※…MacBook付属のキーボードでは特に固まる傾向があり、外付けキーボードを使うと大幅に軽減されるようだ。

受け取った校正PDFを閲覧するにもFoxit Readerは便利

　Foxit Readerは、注釈が入ったPDFを閲覧する際にあると便利な機能を多数搭載している。PDFに入力された注釈を漏れなくチェックしたい場合は「ナビゲーションパネル」の「コメント」タブを開こう。ここでは、PDFに入力されたすべての注釈を時系列で一覧表示してくれる。確認した注釈1つ1つに対してコメントを入力したり、「受領」や「拒否」などの状態アイコンを挿入することが可能だ。

　検索機能もうまく使いこなそう。膨大なページ量のPDFでも、キーワード入力で目的のページに素早く移動できる。またキーワード入力後、Enterキーを押す度に次の該当箇所にジャンプすることが可能だ。

　ほかに便利なのは「ビューモード」。ページを見開きで表示したり、横向きや反対になって読みづらい状態のPDFを正しい向きに修正することが可能だ。

クリック

入力された注釈を一覧表示するにはツールバー左端のナビゲーションパネルから一番下のコメントタブをクリックしよう。

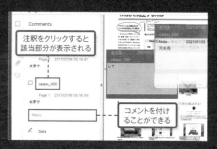
注釈をクリックすると該当部分が表示される
コメントを付けることができる

PDFに入力された注釈が一覧表示される。各注釈をクリックすると該当部分が表示される。注釈に対してコメントを付けることができる。

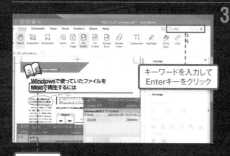
キーワードを入力してEnterキーをクリック
該当箇所が表示される

右上にある検索フォームにキーワードを入力すると、キーワードを含むページに素早く移動できる。またEnterキーを押すたびに、次の該当箇所に移動する。

「View」をクリック
「Facing」をクリック

PDFを見開きで表示したい場合は「View」タブをクリックし、「Facing」をクリックしよう。またViewタブでは傾いたページを調節することができる。

! ここがポイント

PDFを抽出したり結合するならプレビューアプリがおすすめ

　PDFから特定のページを抽出したい場合はプレビューを使おう。プレビューではPDFから指定したページを抽出することができる。方法も簡単でサイドバーでサムネイル表示にし、抽出したいページをデスクトップにドラッグ＆ドロップするだけでよい。またサムネイル表示画面では、ページを並び替えたり、ほかのPDFと結合することもできる。

サムネイル表示にしてデスクトップにドラッグ＆ドロップ。

---

3 フリーハンドでPDFに直接指示をする

もっとわかりやすく指示を入れたいならフリーハンドで指示をするとよい。メニューの「Comment」から「Pencil」で、マウスやトラックパッドを動かして直接、線や文字を入れることができる。

「Comment」をクリック
「Pencil」をクリック

4 矢印や図形を入力する

矢印や四角形、円などの図形を入力するときは、メニューの「Comment」を開いて中間にある「Drawing」メニューから選択する。矢印の場合は「Arrow」、円は「Oval」、四角形は「Rectangle」となる。

「Comment」をクリック
「Drawing」をクリック

5 編集したPDFを保存する

編集したファイルを保存するにはメニューの「File」をクリックして「Save」をクリックすると上書き保存される。名前を付けて保存する場合は「Save as」から保存しよう。

こんな用途に便利!

YouTubeにアップする前にテロップを加えたい
→ 音声を自動で認識してテロップ化できる

チームに配布するマニュアル動画を制作する
→ マニュアル動画にテロップを付ければ理解度もUP!

会議の議事録を動画として残したい
→ 議事録もテロップ付きなら内容を確認しやすい!

YouTube動画投稿に必須!
無料のテロップ自動作成アプリ!

**テロップの自動化で
YouTube投稿の手間を
大幅にカット!**

　YouTubeで動画をザッピングしていると、多くの動画がテロップを加えている。必須とは言えないが、やはりテロップが入っている動画の方が、内容が伝わりやすくて親切。動画の評価も上がりやすい。しかし、テロップの挿入には、ある程度の動画編集アプリのノウハウが必要で、喋った内容を文字に書き起こす手間もある。動画完成までの道のりは険しく、遠くなる。

　そこで、ぜひ導入してほしいのが「Vrew」というサービス。こちらは動画をアップロードすることで、内容に含まれる音声を自動で文字起こしして、テロップとして動画に自動的に加えてくれる。まさに人間が手動で、聞いて、書いて、編集してい

た内容をすべてツール側で自動化してくれるのだ。

　Vrewの音声認識には、GoogleのAPT（Google Cloud Speech-to-Text API）を利用しているため、認識精度もかな

り高く、認識ミスがあったとしても、テキストの修正も簡単にできる。会員登録すると、利用できる時間が伸びるが、登録無しでも試せるので、動画を投稿しようと考えているなら、まず

はこのツールを通してみよう。

Vrew
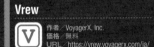
作者／VoyagerX, Inc.
価格／無料
URL／https://vrew.voyagerx.com/ja/

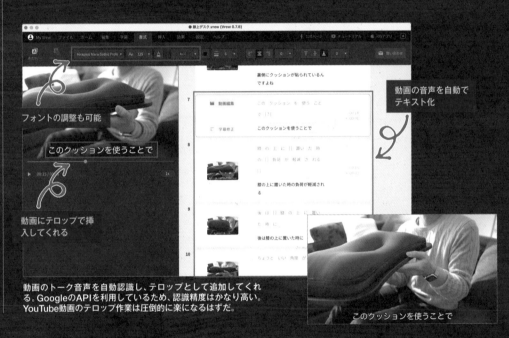

フォントの調整も可能

動画にテロップで挿入してくれる

動画の音声を自動でテキスト化

動画のトーク音声を自動認識し、テロップとして追加してくれる。GoogleのAPIを利用しているため、認識精度はかなり高い。YouTube動画のテロップ作業は圧倒的に楽になるはずだ。

Vrewに動画を読み込んでテロップを付ける

1 規約に同意して利用開始

初回起動時は利用規約に目を通し、問題ないなら「同意して始める」をクリック。ログインを求められるが、会員登録は必須ではない。

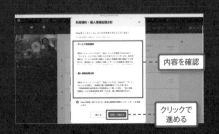

内容を確認

クリックで進める

2 動画を読み込む

「新しい動画で始める」をクリックし、テロップを追加したい動画を選択して読み込もう。

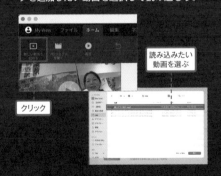

読み込みたい動画を選ぶ

クリック

3 利用する言語を選ぶ

解析する言語を問われる。日本語の動画であれば、「日本語」をクリックし「確認」をクリック。

クリック

テキスト修正や無音部分のカット簡易的な編集もできる

動画にテロップを加えるだけなら、下で紹介している手順でOK。しかし、そのままでは文字がやや見づらかったり、正確に文字起こしが行われていない場所もあるはずだ。こうした時は手動で調整していこう。

まず、見た目を良くしたいなら「書式」タブからフォント調整を行なう。フォントの種類、サイズ、カラー、輪郭線の有無など、かなり詳細に調整可能。初期設定のままでは、ややフォントが小さいと感じたので、大きめ（125%〜150%）に調整しておくと読みやすくなるはずだ。ただし、動画からはみ出ないように注意しよう。

自動認識されたテロップが間違っていた場合は、該当箇所をクリックすれば編集可能。他にも、無音部分のカットや画像の挿入など、簡易的な動画編集も行なえる。なお、「効果」タブの一部の機能はエラーが起こるものもあった。まだまだ開発中のアプリだが、テロップ機能だけでも非常に有益だ。

フォントの変更

フォントの種類・サイズ・カラー・揃えなどを変更できる

フォントの種類とサイズを変えると読みやすくなる

まずは「書式」タブを開き、フォントの種類・サイズ・カラーなどを見やすく調整していこう。輪郭の有無や揃え位置など、かなり詳細な調整が行なえる。

テロップの修正

編集結果が即反映される

クリックしてテロップを編集できる

テロップが間違っていた場合は、その箇所を選択するとテキストとして編集できる。編集結果はプレビューに即反映される。

無音や未認識部分のカット

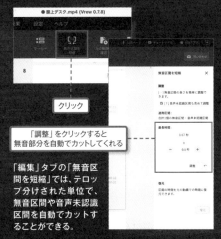

クリック

「調整」をクリックすると無音部分を自動でカットしてくれる

「編集」タブの「無音区間を短縮」では、テロップ分けされた単位で、無音区間や音声未認識区間を自動でカットすることができる。

動画に画像を挿入する

クリック

クリック

クリック

「挿入」から「画像」を選ぶと選択したクリップやクリップ全体に画像を挿入できる。挿入した画像はドラッグで拡大縮小、位置の変更も可能だ。

! ここがポイント

テキスト形式での出力も可能！

「ファイル」タブから「他の形式でエクスポート」を選ぶことで、動画から自動抽出されたテロップをテキストファイルや他の動画編集アプリで読み込めるフォーマットで抽出することもできる。録画したビデオから議事録をテキストで作成したり、動画と同時に文字化したマニュアルを制作したい場合など。さまざまなシーンで活躍する。

「他の形式でエクスポート」からテロップをさまざまな形式で出力できる。

---

4 文字の抽出を待つ

動画に含まれる文字の抽出が始まる。抽出・解析にはやや時間もかかるので、他の作業を進めておくといい。

会員登録しない場合は毎月90分までとなる

5 テロップが作成される

動画の音声に沿ったテロップが作成され、動画に反映される。テロップは上で紹介している手順で修正やフォントの変更も可能だ。

音声から起こされたテロップが自動追加される

6 動画として書き出す

クリック

解像度と画質を指定

クリック

テロップ付き動画を書き出すには、「ファイル」メニューから「動画をエクスポート」より。解像度・画質を指定して「エクスポート」をクリックすればいい。

編集
EDIT

こんな用途に便利！

素早く画像を閲覧できる
→ 「プレビュー」のように1つ1つファイルを開く必要がない

画面の狭いMacBookで快適に閲覧
→ 動作が軽く画像だけを表示してくれる

簡単なレタッチも可能
→ アップデートされたクイックルックを使えばレタッチもできる

Macの画像ビューア環境を快適にする

標準搭載の「プレビュー」だけでは連続して画像を閲覧できない

Macで画像ファイルをダブルクリックすると標準では「プレビュー」アプリが起動する。画像の傾きを変更したり、マークアップツールを使って注釈を付けるなど便利なツールではあるが、Windowsのギャラリーのように左右キーを押しても次の画像に切り替わらず、フォルダ内の画像を連続閲覧するには向いてない。

フォルダ内にある画像を連続鑑賞するには「LilyView」を使おう。画像ファイルを開くアプリとしてLilyViewを指定しておけば、画像クリック時にLilyViewが起動し、スワイプ操作や矢印キーで次のファイルを表示することが可能だ。英語メニューではあるがメニュー項目も少なく使い方に戸惑うことも

ない。画像サイズや撮影場所、RAWイメージといった画像情報も表示してくれる。

また、プレビューよりもはるかに軽く高速に画像を開くことができ、画像の周囲に余計なフレームやツールバーがなく画面領域を広く取れるので、画面が

狭くスペックの小さいMacBookユーザーにおすすめだ。

App Storeと異なり公式サイトには無料体験版が配布されている。無料版は画像下に「DEMO MODE」文字が付くのと、たまに画像全体にボカシエフェクトが入る。まずは無料版を使

ってみて、使い勝手がいいなら有料版（1,220円）をダウンロードしよう。

LilyView（無料お試し版）
作者　Software Ambience Corp.
価格　無料　カテゴリ　写真
URL　https://lilyview.app/

「Download Trial」をクリック

LilyViewの公式サイトにアクセスしたら「Download Trial」をクリックしよう。プログラムがダウンロードできる。

周囲に余計なフレームがない

無料版は「DEMO MODE」というロゴが表示される

左右矢印キーで隣のファイルに表示を切り替える

LilyViewを起動すると画像がアプリに関連付けられ、以降画像をクリックすると「プレビュー」ではなくLilyViewで起動する。

LilyViewで画像を閲覧しよう

1 左右スワイプで切り替える

MacBookユーザーの場合、キーボード以外にトラックパッドを左右にスワイプすることで切り替えることもできる。前の画面と次の画面を同時に表示しながら切り替えられる。

左右スワイプで切り替える

2 画像のスペックを表示する

ビューアの右側にマウスカーソルを移動させると、ファイル名、サイズ、大きさ、フォーマットなどの情報が表示される。上下ドラッグで表示場所を移動させることもできる。

上下ドラッグで移動できる

マウスカーソルを右側に移動すると表示される

3 アプリの関連付けを設定する

画像をダブルクリックしたときに自動でLilyViewを起動するにはメニューの「LilyView」から「Preferences」をクリック。

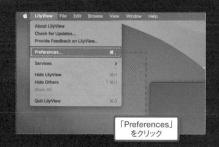

「Preferences」をクリック

Mac標準のビューアアプリ「クイックルック」を使いこなそう

アプリケーションフォルダにその名前が見当たらずMac初心者には知らないユーザーもいるだろうが、Macには「クイックルック」という「プレビュー」とは異なるビューアアプリが搭載されている。

クイックルックはアプリを起動せずFinder上にあるファイルの内容をプレビューできる機能。ファイルを選択した状態でスペースキーをクリックすると起動できるほか、ツールバーのボタンから起動することもできる。

また、「プレビュー」アプリよりも高速起動できるほか、キーボードの矢印キーをクリックするとそのファイルの上下左右にあるファイルに表示を切り替えてくれるメリットがある。

さらに、画像だけでなくPDF、Excel、パワーポイント、テキスト、動画などあらゆるファイル内容をプレビュー表示することが可能だ。

クイックルックを起動するには、ファイルを選択した状態でスペースキーをクリックしよう。クイックルックが起動する。

1

キーボードの上下左右矢印キーをクリックするとそのファイルの上下左右にあるファイルを切り替え表示してくれる。なお、右キーを押し続けても次の行のファイルに移動しない。

2

クイックルックは画像ファイルだけでなくPDF、Excel、パワーポイントなどあらゆるフォーマットに対応している点も大きなメリット。PDFの場合は上下にスクロールして各ページごとに閲覧もできる。

3

上部ツールバーの回転やマークアップをクリックすると画像を回転させたり、マークアップで写真にテキストやシェイプなどの注釈を入力できる。

4

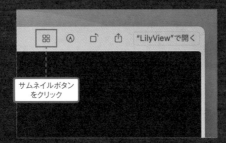

クイックルックは複数の写真を選択した状態でも起動できる。その場合、ツールバー左側にサムネイルボタンが表示される。クリックしてみよう。

5

選択した写真を大きなサムネイルで一覧表示して確認することができる。ただし現在のところ複数の写真をまとめて編集操作することはできない。

6

---

4 自動起動させるフォーマットにチェックを付ける

「File Types」をクリック。「Use LilyView as the default~」に記載されているフォーマットで、ファイルをクリックしたときに自動したいフォーマットにチェックを入れる。

5 ショートカットキーで画面の拡大縮小をする

画面の学大縮小はショートカットキーを利用する。command＋5キーで50％縮小、command＋2で200％拡大できる。メニューの「View」で拡大縮小コマンドを確認できる。

6 ウインドウを閉じたときにLilyViewも終了させる

ウインドウを閉じたときにLilyViewを強制終了させるとメモリ負担を減らせる。メニューの「LilyView」から「Preferences」をクリック。「General」から「Quit on~」にチェックを入れよう。

こんな用途に便利!

動画を編集する
→ 動画の色調、トリミング、フィルタを行うのに便利

動画編集が簡単
→ 写真のレタッチと同じ感覚で動画編集ができる

写真をよりきれいにする
→ Big Surで新しく追加されたレタッチ機能を使いこなす

パワーアップした「写真」アプリを使いこなそう

動画編集機能が増強!写真と同じような感覚で編集できるようになった

Macに標準搭載されている「写真」アプリは、これまで撮りためた写真を効率的に管理することに焦点が置かれてきたが、Big Surではサブ機能だった編集関連の機能が大幅に強化されている。

ビデオ関連のレタッチでは、これまで指定した範囲の切り取りしかできなかったが、Big Surでは写真を編集するような簡単な操作で動画の色彩の調整、フィルタ、トリミングなどの編集ができるようになっている。傾いているビデオを回転したり、アスペクト比を変更したり、トリミングすることができる。カーブを調節したり、カラーごとの調整など高度な色彩調節もできる。また、フィルタを使ってエフェクトを追加するこ

とも可能だ。そのほかには、自動補正ツール機能も利用でき、ボタンをワンクリックするだけで動画を美しく修正することもできる。

編集画面は、写真編集時やiPhoneやiPadの写真編集のときの見慣れたインタフェースとまったく同じなので操作に迷うことなく直感的に編集できるだろう。一般的な動画編集アプリのインターフェースは複雑なため、なかなかなか動画編集に手を出せなかった人にもおすすめのアプリだ。High Sierraから一新されたインタフェースで動画の編集ができる。

なお、これまで通り動画から指定した範囲をトリミング保存することもできる。

写真

作者／Apple
標準アプリ

基本的な動画編集をチェック

クリック

動画の傾きを変更したい場合は、動画を開いたあと上部ツールバーにある回転ボタンをクリック。反時計周りに90度回転する。

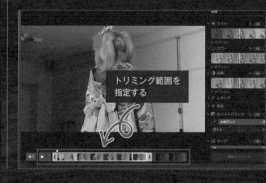

トリミング範囲を指定する

指定した範囲をトリミングしたい場合は、動画を開いたあと「編集」画面を開き、画面下部の黄色い枠を動かして抜き出したい範囲を指定したら「完了」をクリック。

使いやすくなった編集ツールで動画を編集する

1 自動補正ツールで簡単に補正する

選択した動画を表示したあとに表示されるツールバーからすぐに補正でき、編集画面に移行する必要はない。手動で編集する場合は右上の「編集」ボタンをクリック。

自動補正する場合はここをクリック

手動で補正する場合はここをクリック

2 色彩を調整する

「調整」画面が表示される。ここで動画の色調のライト、カラー、白黒の調節ができる。スライドバーを左右に動かして調節しよう。

スライドバーを左右に動かす

3 「カーブ」を使って動画全体の雰囲気を変更する

「カーブ」では、指定した色（赤、緑、および青）を基盤にして動画全体の雰囲気を変更することができる。

赤、緑、青などの色を指定して動画全体の雰囲気を変更することができる

写真のレタッチツールも改良されている

　Big Surの写真アプリは動画編集だけでなく写真編集画面でも機能が改善されている。写真編集パネル内にある「レタッチ」では、背景に写り込んだ余計なオブジェクトをなぞるだけで背景と違和感なく消去でき便利だ。また、iPhone 7 Plus以降に搭載されている「ポートレート」モードで撮影した写真に対して「照明」というメニューが追加され、6つの照明エフェクトを使用して、写真の見た目を簡単に変更できるようになった。

　整理機能も改善された。各写真の情報画面にある「キャプション」を追加することで、写真検索の精度が高くなった。追加したキャプションはiCloud写真を通じてiPhoneやiPadと同期することができる。つまり、iOSデバイスの「写真」アプリで追加したキャプションやキーワードを利用して写真検索することも可能だ。複数の写真を選択して、まとめて情報を追加したり変更したりすることもできる。

「編集」をクリック

「レタッチ」をクリックしてブラシのサイズを指定する

画面から余計なオブジェクトを除去するにはレタッチツールを使おう。写真を開き右上の「編集」ボタンをクリック。「レタッチ」をクリックしてブラシのサイズを指定する。

消去する部分をなぞる

ブラシのサイズを指定したら、写真から余計な部分をなぞろう。すると背景に合わせてきれいに消去してくれる。元に戻すときは「command」+「Z」キーをクリックしよう。

1 2
3 4

「ポートレート」をクリック

エフェクトを選択する

iPhoneのカメラで「ポートレート」形式で撮影した写真を読み込むと、編集画面に「ポートレート」メニューが現れる。下部メニューに表示される6つのボタンからエフェクトを変更できる。

❶「i」ボタンをクリック

❷キャプションをクリック

写真にキャプションを追加するには、上部ツールバーの「i」ボタンをクリック。情報ウインドウが表示されたら「キャプション」に、検索キーワードに利用する単語を入力しよう。

！ここがポイント

Live Photosのミニ動画をMac上で作成する

iPhone 6s以降のカメラでは、Live Photos形式で撮影した写真を「ループ」「バウンス」「長時間露光」といったミニ動画に変換することができる。変換作業はiOS端末の「写真」アプリだけでなく、Macの「写真」アプリでも行なうことが可能だ。さらに、動きのあるLive Photos画像も「写真」アプリでレタッチできる。

編集画面下部にLive Photosの変換メニューが表示されるので好きなものを選択しよう。

---

4 特定のカラーのみ変更できる「カラーごとの調整」

「カラーごとの調整」でも、動画内の特定の色のみを調節できるが、「カーブ」と異なり動画内の指定した色の部分のみ彩度、明るさ、輝度など調節できる。

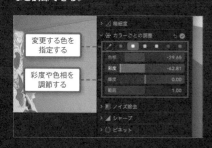

変更する色を指定する

彩度や色相を調節する

5 フィルタを使って動画の雰囲気を変える

利用できるフィルタの数も多い。「ビビッド」や「ドラマチック」を適用すると動画に温かみ、または冷たさを出すことができる。

「フィルタ」をクリック

フィルタを追加する

6 トリミングをする

写真のようにトリミングもできる。「切り取り」タブを開き、四隅のドラッグして切り取り範囲を指定しよう。

「切り取り」をクリック

ドラッグする

こんな用途に便利!

QuickTime Playerだけで動画編集ができる
→ わざわざ高額な動画編集アプリを購入する必要はない

シンプルで使いやすい
→ 動作も軽くコピー&ペーストなど簡単な操作で編集できる

音声ファイルの抽出もできる
→ MV動画などから音声を抜き出すときにも便利

高価な動画編集アプリは不要!
QuickTime Playerを使いこなそう

Mac標準アプリ
QuickTime Playerは
シンプルながら高機能

　「写真」アプリは動画編集においても非常に便利になったが、いったん「写真」アプリにファイルを登録するなど、編集するまでに手間がかかるのも事実。色彩やフィルタなどのレタッチ不要でトリミングや結合など簡単な編集だけならMac標準アプリの「QuickTime Player」で十分だ。

　QuickTime Playerは多数の動画編集機能を備えてもいる。たとえば動画から指定した部分を切り抜いて保存する「トリム」という機能があるが、これは「写真」アプリのトリム機能と同じものだ。黄色い枠で切り抜き対象となる部分を囲い込むだけで簡単に指定した箇所を切り抜くことができる。

　また、動画を複数のクリップに分割できる。分割した各クリップは「カット」「コピー」「ペースト」「削除」など見慣れた編集メニューを使って動画初心者でも直観的に編集できる。ほかにも複数の動画から好きなシーンを抜き出して結合するような複雑な動画編集や、動画から音声を抜き出すといった作業もQuickTime Player1つで可能だ。

　編集した動画は、共有メニューからメール、メッセージ、AirDropなどさまざまな方法で外部に出力ができる。書き出し機能も優れており、編集元の動画にもよるが、4Kから480pまでの解像度を選択できる。出力時のサイズを小さくするなら低めの解像度を指定し、サイズを気にしないなら高解像度を指定するといいだろう。

QuickTime Player

作者／Apple
標準アプリ

QuickTime Playerだけでできる動画編集の種類

トリミング

動画から指定したシーンを切り抜くことができる。「写真」アプリの「トリム」と同じ操作方法で使いやすい。

動画の分割と入れ替え

動画を複数のパーツに分割し、分割したパーツの順番を入れ替えたり、また余計なパーツは削除することができる。

1 2
3 4

動画から音声を抽出する

動画から音声のみを抽出して音声ファイルを作成することができる。ミュージックビデオから音声を抜き出したいときに便利。

異なる動画を結合する

複数の動画を結合して1つの動画にすることができる。ただし、ファイル形式はMP4で統一しておくこと。

QuickTime Playerで指定したシーンを抜き出す

1 「編集」から「トリム」を選択する

編集したい動画をQuickTime Playerで開いたら、メニューの「編集」から「トリム」を選択しよう。

「トリム」を選択する

2 黄色い枠を動かして範囲を指定する

トリム編集画面が表示される。黄色い枠を動かして抜き出したい範囲を指定したら「トリム」をクリック。その部分が抜き出される。

❶範囲を指定する　❷クリック

3 範囲指定した部分を書き出す

保存するにはメニューの「ファイル」から「書き出す」を選択して、画質を指定しよう。4Kまたは1080pを選択した場合、最新動画フォーマットのHEVC形式で出力することができる。

「書き出す」を選択する

QuickTime Playerで
複数の動画を結合しよう

QuickTimePlayerの分割機能で分割線を入れた後、クリップを左右にドラッグすることでクリップの順番を入れ替えることができる。余計なシーンを削除した後、ハイライトシーンを好きな順番に並び替えたいときに便利だ。

また、QuickTime Playerは複数の異なる動画を結合することもできる。メニューの「編集」から「終了位置にクリップを追加」で、開いている動画の後ろにほかの動画を結合させることができる。

QuickTime Playerは複数同時に起動することができる。結合に使う動画をすべてQuick Time Playerで起動しておき、単純にコピー＆ペーストするだけで別の動画のタイムラインの任意の位置に貼り付けることも可能だ。

「終了位置にクリップを追加」をクリック

動画が追加される

複数の動画を結合するには、QuickTime Playerで動画を開いたら、メニューの「編集」から「終了位置にクリップを追加」でほかに結合する動画を指定しよう。

ドラッグで並び替える

追加した動画はドラッグして自由に並び替えることができる。結合して書き出すにはメニューの「ファイル」から「書き出す」を選択しよう。

1 2
3 4

「クリップを表示」を選択する

コピー＆ペーストで動画を結合することもできる。結合させたい動画をQuickTime Playerで個別に起動する。それぞれの動画を選択して、メニューの「表示」から「クリップを表示」を選択する。

クリップをドラッグ＆ドロップ

片方のQuickTime PlayerのクリップをそのままほかのQuickTime Playerのクリップにドラッグするだけで結合できる。最後にメニューの「ファイル」から「書き出す」を選択して結合しよう。

！ ここが ポイント

動画から 音声を抽出する

ミュージックビデオなどの動画から音声だけを抽出したい場合にもQuickTime Playerは便利。メニューの「ファイル」から「書き出す」を選択したあと「オーディオのみ」を選択しよう。m4a形式で出力でき、iTunesやQuickTime Playerなどのプレイヤーで再生できる。

複数の動画を結合した状態で音声を出力することもできる。

分割機能で不要な部分をカットする

1 | 分割機能を使って 動画を分割する

QuickTime Playerで編集する動画を開き、不要なシーンの開始場所までシークバーを移動させる。メニューの「編集」から「クリップを分割」を選択しよう。

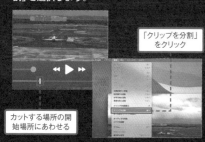

「クリップを分割」をクリック

カットする場所の開始場所にあわせる

2 | 削除する クリップを選ぶ

赤い分割線が入る。分割したクリップから削除したい方を選択し、メニューの「編集」から「削除」をクリックすると、その部分が削除される。

赤い分割線が入る

❷メニューの「編集」から「削除」をクリック

❶削除するクリップを選択

3 | 残った部分を書き出して 保存する

選択したクリップが削除される。最後にメニューの「ファイル」から「書き出す」で編集した動画を保存しよう。

「書き出す」から保存する

ビジネスに、趣味に活かせる多彩な機能が集約された、話題のアプリを使ってみよう!

今、"デキる"MacBook使いの間で最も注目されているオンラインサービスである「Notion」。その理由は、メモやビジネス文書の作成、ウェブページや写真、PDFといった各種ファイルの保管、さらにはきめ細かいスケジュール管理に至るまで、多彩な機能が集約されている点にある。

特集

仕事の根幹を自分好みに整理できる

「Notion」を完璧に使いこなす

何でもできるからこそ、どう使えば仕事に活かせるのかが見えない。
そんな人のために、タスク管理や情報整理のコツを伝授!

Notionの何がそんなにスゴイのか?

オンラインサービスだから
さまざまなデバイスで使える!

ビジネスで活きるあらゆる機能を
1つに集約できる!

個人利用なら完全無料で使える!

自由自在にカスタマイズ
できるから使い勝手抜群!

Notionの魅力は
「何でもできる」こと

複数アプリを使い分ける必要があったスケジュールやタスク、連絡先の管理、文書の作成などの作業が、単一のアプリで可能になり、蓄積された情報、データを縦横無尽に活用できることが最大の魅力。すべての機能が完全無料で使えることもうれしい。

Nortion for Mac

作者／Notion Labs, Inc.
価格／無料
URL／https://www.notion.so/

Notionだけで、こんなことができる！

オンラインメモや本格的な文書作成、スケジュール管理までこなせる！

　Notionでは、すべての情報やデータを「ページ（Page）」単位で作成、管理する。ページでは以下のように、単なるテキストメモに留まらず、書式を設定した文書、チェックボックス付きのToDoリストなどを作成できるほか、写真やPDFなどのファイルを保存しておくといったオンラインストレージ的な使い方もできる。各ページには、画面左のサイドバーからアクセスする。

　Notionを使いこなす上で欠かせないのが、データベース機能。こう聞くと難しそうだが、Notionではそれをスケジュール管理や行動ログ記録などのためのカレンダーやガントチャート、一覧表の形で使えるようになっているため、身構える必要はない。とりあえず最初は、スケジュールやToDoなどのアイテムを、見やすく提示する機能と理解しておけばいい。なお、カレンダーやリストなどのデータベースの見せ方のことを、Notionでは「ビュー（View）」と呼ぶ。

1　書式付きの文書やメモの作成

マークダウン記法に対応するため、見出しや強調したいテキストに書式を設定して、見栄えのする文書を作成できる。文書内に画像を挿入することもできる。

2　各種ファイルの保存

オンラインストレージのように、画像やPDF、各種文書などのファイルを保存し、必要に応じて利用できる。プラグインを使ったウェブクリップにも対応している。

3　ToDoリスト

やるべきことを整理できるチェックボックス付きのToDoリストを作成できる。個々のToDoにリマインダーを設定すれば、期日前に通知してくれる。

4　一覧表、集計表の作成

データを一覧するための表も簡単に作成できる。Excelほどの機能は使えないものの、計算式を使った簡易的な集計も可能になっている。

5　カレンダーとガントチャート

スケジュールを書き込むためのカレンダー、プロジェクトなどの進捗を確認できるガントチャートをページ上に作成できる。

6　データの検索

ページが増えてくると、目的の情報やデータに容易にアクセスできなくなる場合がある。サイドバーの「Quick Find」から、Notion内のデータのテキスト検索が可能。

ここがポイント

公式サイトからアプリを入手する

Notionのデスクトップアプリは、公式サイトから無料でダウンロードできる。初めてアプリを起動するとログインが求められるので、公式サイトでアカウントを作ってログインしよう。なお、Googleアカウント、あるいはApple IDでのログインにも対応している。AndroidやiOS、iPadOS版のアプリは、それぞれのアプリストアから無料でダウンロード可能だ。

公式サイトではアプリの入手の他、アカウント作成ができる。また、ウェブアプリ版Notionも利用可能。

こんな用途に便利！

タスクの視認性を高めたい
→ タスクを表形式、リスト形式で一覧表示することで、視認性を向上させることができる

タスクを効率的に管理したい
→ カレンダーを作ることで、全体的なスケジュールを把握しやすくなり、効率的に管理できる

カレンダーとタスクリストを1ページにまとめたい
→ インラインカレンダー、インラインデータベースで、2つの要素を1つのページにまとめられる

タスクとスケジュールを一体化する Notionの優れたタスク管理を理解する

効率的かつ視認性に優れたタスク管理をNotionで実践しよう

Notionがどういうアプリ、サービスであるかが分かったところで、実際の使用例を見てみよう。まずは"デキる"MacBookユーザーの多くが、それぞれのやり方で実践しているタスクやスケジュール管理から始めたい。その中心になるのが、Notionのデータベース機能の「カレンダー」と「リスト」という2つのビューだ。

タスク管理の鉄則は、タスクとスケジュールを一体化すること。個々のタスクを一覧表の形式で管理して、その実施日程をカレンダー上に表示するようにしておけば、自ずと無理のあるスケジュールにはならなくなり、タスクの整理や確認もしやすくなる。そのため、タスクの一覧表とカレンダーは1つの画面に同時表示されているのが理想だ。実際、評価の高いタスク管理アプリなどでは、こうした表示形式が採用されていることが多い。

Notionでは、まずページ上にカレンダーを作成し、続けて同じページに、カレンダーとリンクされた一覧表（リスト）を作る。このように異なる要素（Notionでは「ブロック」と呼ぶ）同士をリンクできるのは、データベース機能を備えたNotionならではだ。

注意したいのは、新規ページ作成時のメニューからも、ワンクリックでカレンダーやリストが作成できるが、その場合ページに他の要素は追加できないことだ。そのため、カレンダーやリストは、下や右ページの手順のように、空白のページにインライン形式で作成する必要がある。

スケジュールの全体像を確認するカレンダーと、

個々のタスクを管理するリストを、

1つのページにまとめる

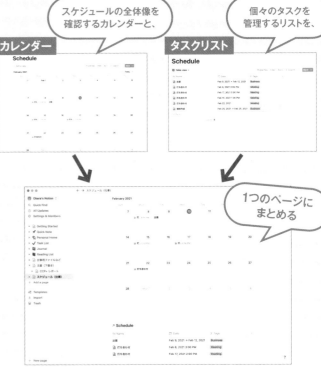

カレンダーではスケジュールの状況を、タスクリストでは個々のタスクを、それぞれ確認しやすいというメリットがあるが、それぞれを別々のページではなく、1つのページにまとめることで、タスクの管理運用がより効率的になる。

インラインカレンダーを作成する

1 「Calendar-Inline」をクリックする

ページ本文で「／」キーを押すと、スラッシュメニューが表示されるので、「Calendar-Inline」をクリックする。メニュー項目名の先頭数文字を入力すると、すばやく選択できる。

2 インラインカレンダーが追加される

ページ本文にカレンダーが挿入されるので、カレンダーの上部の「Untitled」の部分に、カレンダーの名前を入力する。この名前は、後からタスクリストを追加する際に必要になる。

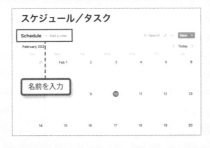

3 タスクを追加する

カレンダーの目的の日付にポインタを移動すると「＋」のボタンが表示されるので、これをクリックする。

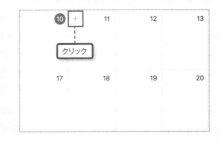

カレンダーとリンクする タスクリストを作成する

カレンダーを作成したら、続けて同じページにタスクリストを作成する。右の手順では、カレンダーの下にタスクリストを作成している。カレンダーと同様にスラッシュメニューから「Create linked database」をクリックしよう。重要なことは、続けてリンク先のカレンダーを選択する手順で、ここでカレンダー作成時に付けた名前を選択する。

カレンダーを先に作成したのは、そのようにすることで追加するタスクリストの表に、カレンダーに合わせた列見出しやセル属性が自動設定されるためだ。たとえばタスクリストの「Date」の列では、セルをクリックするとカレンダーが表示され、簡単に日付を指定できるようになる。以降は、カレンダーとタスクリストのどちらからでもタスクを追加でき、それがもう一方に反映される。

「Create linked database」をクリックする

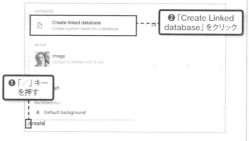

「／」に続けて「create」と入力し、メニューから「Create linked database」をクリックする。続けて表示される画面で、リンク先のカレンダーに付けた名前をクリックする。

タスクリストが作成される

タスクリストが作成される。すでにカレンダーでタスクを作成している場合は、それがタスクリストにも反映される。末尾の「New」をクリックしてタスクを追加できる。

1 2
3 4

ビューを切り替える

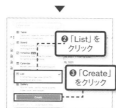

タスクリストのタイトル付近にポインタを移動すると表示される「Add a view」をクリックして、続けて表示されるメニューで「List」をクリックし、「Create」をクリックする。

ビューが切り替わる

タスクリストが表形式からリスト形式の表示に切り替わる。元の表示に戻すには、「List view」をクリックして、メニューから「Table View」をクリックする。

! ここがポイント

完了したタスクはアーカイブページに移動する

仕事をしていればタスクは日に日に増えていき、タスクリストが何十行、何百行にもなってしまう。そのため、完了したタスクは削除するか、別の場所にアーカイブしておこう。アーカイブ専用のページを作っておき、カレンダー、もしくはタスクリストから、完了したタスクをサイドバーのアーカイブページにドラッグしておけば、後から見返すこともできるのでおすすめだ。

ドラッグ&ドロップ

カレンダー上のタスクを、サイドバーのアーカイブページにドラッグ&ドロップすれば、カレンダーとタスクリストには、進行中のタスクのみが残る。

---

4 タスクのタイトルを入力する

編集画面が表示されるので、タスクのタイトルや、必要に応じてコメント、メモを入力する。メモの入力時も、手順1のようにスラッシュメニューが使える。

5 開始時間を指定する

「Date」欄の日付をクリックすると表示されるポップアップで、「Include time」をオンにすると、タスクの開始時間を指定できる。「Remind」では通知の設定もできる。

6 タスクがカレンダーに追加される

カレンダーにタスクが追加される。タスクはドラッグでカレンダー上で移動させることができ、右クリックメニューから「Delete」をクリックすることで削除できる。

こんな用途に 便利!

各ページにアクセスする導線を増やしたい
→ 各ページへのリンクをまとめた、目次代わりの「ホーム」ページを作ることができる

タスクなどのアイテムの内容をひと目で分かるようにしたい
→ アイテムごとにタグを設定して分類できる

データにすばやくアクセスしたい
→ フィルター機能やソート機能を使って、目的にマッチするデータをすばやく抽出できる

Notionで必要なデータにすばやくアクセス、活用するためのテクニックをマスターする

Notion上級者が使う 時短テクニックに迫る!

有志によるオリジナルのタスク管理、時短テクニックが、インターネット上で数多く共有されているのは、Notionが人気サービスであるゆえんだ。その中でも、ほとんどの上級ユーザーが使っているのが、他のページへのリンクをまとめた、自分のNotionの目次となるページを作るテクニックだ。Notionではサイドバーから各ページにアクセスできるが、目次となる「ホーム」ページを別途作っておけば、各ページへの導線がサイドバーと「ホーム」ページの2箇所になるため効率的だ。

また、上級ユーザーの多くは、サイドバーのページをなるべく入れ子状態にしないようにしている。どのページからでも別のページにすばやく切り替えられるサイドバーだが、入れ子にするとページを展開するというひと手間がかかってしまうためだ。

さらに覚えておきたい効率化テクニックとしては、「タグ」「フィルター」「ソート」もおすすめ。タグはEvernoteなどでもおなじみのもので、タスクなどのアイテムごとに設定して、アイテムの分類や整理に活用できる。フィルターとソートは、表計算アプリのExcelなどにも搭載されている機能で、リストや一覧表から条件に合うデータを抽出したり、指定した並び順にしたりできる。たとえばタスクリストから当日やるべきタスクだけを取り出して表示するといった場合はフィルターを使い、タスクを日付の古い順に並べる場合はソートを使う。

各ページへのリンクをまとめた「ホーム」ページ

Notionの各ページへのリンクをまとめた「ホーム」となるページを作成すれば、ページの切り替えがより効率的になる。サイドバーではページを入れ子にしないと分類できないが、「ホーム」ページでは見出しを入れて分類できる点も便利。

タグ、フィルター、ソートでデータにすばやくアクセス

タグはタスクなどの個々のアイテムに付ける目印のようなもの。一覧にしたときに、そのアイテムがどのような意味を持つのかがひと目で分かるようになることに加え、特定のタグの付いたアイテムを検索する際にも役立つ。フィルター、ソートはExcelでもおなじみのデータ操作のための機能。

「ホーム」ページに他ページへのリンクを作成する

1 見出しの書式を設定する

「／」キーを押してスラッシュメニューを表示して、「Heading 1」をクリックする。「Heading 1」は大見出しの書式となる。

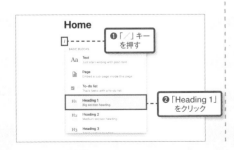

❶「／」キーを押す
❷「Heading 1」をクリック

2 見出しを入力する

ブロックに大見出しの書式が設定されるので、続けてページの分類見出しを入力する。入力が済んだらreturnキーを押して改行する。

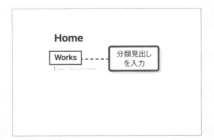

分類見出しを入力

3 「Link to page」をクリックする

次のブロックで「／」キーを押し、続けて「link」と入力すると、「Link to page」が表示されるので、これをクリックする。

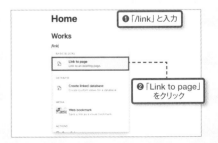

❶「/link」と入力
❷「Link to page」をクリック

タグとフィルターを活用して、必要なデータにすばやくアクセスする

Notionでは、データベース（表やリスト、カレンダーなど）のアイテムに対して、「タグ」を設定することができる。タグを設定するには、タスクなどのアイテムの編集画面を開き、「Tags」欄に任意のタグ名を入力する。一度設定したタグ名は、データベース内に保存され、同じデータベース上の他のアイテムにも設定できるようになる。特にアイテムをリストなどで一覧表示にしたときに、タグが設定されているとアイテムを見分けやすくなる。

指定した条件にマッチするアイテムを抽出する「フィルター」も便利。こちらもタグと同様にデータベースで利用でき、1つのデータベースに対して複数のフィルターを作成することができるので、さまざまな視点からデータを抽出可能。

Notionを使い込んでいるうちに、扱うデータはどんどん増えていくが、これらのテクニックを覚えておけば、すばやく目的のデータにたどり着けるはずだ。

アイテムを開いてタグを設定する

❶タスクをクリック

❷タグ名を入力

❸「Create（タグ名）」をクリック

カレンダーなどのデータベースでアイテムをクリックし、「Tags」欄にタグ名を入力して、「**Create（タグ名）**」をクリックするとタグが設定される。

他のアイテムにもタグを設定する

同様の操作で他のアイテムにもタグを設定する。設定済みのタグは以降、他のアイテムで「Tags」欄をクリックすると選択肢として現れ、簡単に設定できるようになる。

**1 2
3 4**

フィルターを作成する

❶「Filter」をクリック

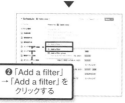

❷「Add a filter」→「Add a filter」をクリックする

表などの上部にある「…」をクリックすると表示されるメニューから「Filter」をクリックし、「Add a filter」→「Add a filter」とクリックする。

抽出条件を指定する

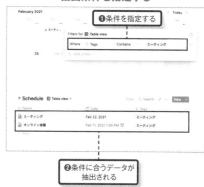

❶条件を指定する

❷条件に合うデータが抽出される

フィルターの条件を指定すると、それに合致するデータだけが抽出される。フィルターを解除するには、フィルターの条件の右端の「…」をクリックし、「Remove」をクリックする。

！ ここがポイント

ソート機能を使ってデータを並べ替える

リストや表のデータを、日付順、名前順といった条件で並べ替えたい場合は、ソート機能を使用する。ソート機能もフィルターと同様に、「…」のメニューから「Sort」をクリックし、「Add a sort」をクリックして並べ替え条件を指定すればいい。ソートを解除する場合は、条件の右端にある「X」をクリックする。

ソート機能では、「どの列に」「どのような順番で」という条件を指定する。

---

4 リンク先のページをクリックする

メニューの表示が切り替わり、Notionで作成したページが一覧表示されるので、目的のページをクリックする。

目的のページをクリック

5 リンクが作成される

選択したページのリンクが作成される。同様の手順を繰り返して、他のページへのリンクを作成し、分類見出しを入力する。

6 「ホーム」ページにアクセスしやすくする

「ホーム」ページを開いた状態で、画面右上の「Favorited」をクリックすると、サイドバーの「FAVORITES」にページが追加され、他のページと区別されるので、よりアクセスしやすくなる。

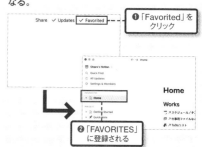

❶「Favorited」をクリック

❷「FAVORITES」に登録される

こんな用途に便利!

テキストに書式を設定したい
→ スラッシュメニューやツールバーからさまざまな書式を設定できる

ページを華やかに飾りたい
→ 各ページには、内容に合わせたアイコンを付けたり、カバー画像を設定したりできる

ページに画像を入れたり、アイテムにリマインダーを付けたりしたい
→ いずれもスラッシュメニューから実行できる

基本のテキストメモ機能を解説!
Notionを実際に使ってみよう

独特の操作をマスターして、基本のテキストメモ機能を使いこなす

Notionの基本は何といってもテキストメモ機能だ。マークダウン記法に対応することで、書式の設定が可能なNotionでは、単なるメモに留まらない、表現力の高い見栄えのする文書を作成できる。また、文書に画像や表を組み込むこともできるので、簡単なビジネス文書を作るといった用途にも向いている。

こうしたテキストによる多彩な表現を使いこなすためには、Notionの独特な操作性に慣れる必要がある。書式を設定したり、画像などを挿入したりするためのツールボタンなどがない、シンプルなUIのNotionでは、こうした機能の多くを「スラッシュメニュー」から実行する。スラッシュメニューは文書上で「／（スラッシュ）」キーを押すと表示されるが、そのメニューコマンド数は多く、最初のうちは目的のものを見つけるのに苦労する。しかし、「／」に続けてメニューコマンド名の先頭数文字を入力すれば、その項目がピックアップされるので、すばやく選択できるようになる。そのため、多用する機能のメニューコマンド名をある程度覚えておくことで、作業効率は劇的に改善されるはずだ。

また、ワープロでは「段落」と呼ばれる改行と改行の間のテキストのひとかたまりを、Notionでは「ブロック」と呼ぶ。ブロックをドラッグ＆ドロップで移動したり、位置を入れ替えたりできるのも、Notionならではの操作方法なので、ぜひ覚えておこう。

Notionの独特の操作をマスターする

さまざまな機能を実行できる「スラッシュメニュー」

ページ上で「／」キーを押すことで表示されるメニューから、書式設定や各種オブジェクトの挿入といった機能が実行できる。一部の書式は、テキスト選択時に表示されるツールバーでも設定可能。

テキストのひとまとまりを一括操作できる「ブロック」

ワープロ文書の「段落」に当たるものが「ブロック」。ブロック先頭付近をドラッグすることでページ内の位置を変えることができ、クリックで削除などのメニューコマンドが表示される。

ページを作成し、ページアイコン、カバー画像を設定する

1 「New page」をクリックする

サイドバーの「New page」をクリックする。同じサイドバーの「PRIVATE」の右側にある「＋」をクリックしても、同様に新規ページを作成できる。

いずれかをクリック

2 タイトルを入力する

新規ページが作成されるので、ページのタイトルを入力する。続けて、タイトルの上付近にポインタを移動すると表示される「Add icon」をクリックする。

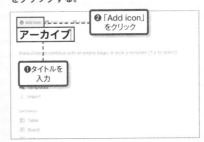

❷「Add icon」をクリック
❶タイトルを入力

3 アイコンが表示される

アイコンが表示される。このアイコンはランダムに選ばれたものなので、変更したい場合はアイコンをクリックすると表示される一覧から目的のアイコンを選ぶ。

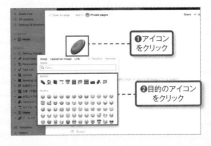

❶アイコンをクリック
❷目的のアイコンをクリック

スラッシュメニューから画像やリマインダーを挿入する

ここでは、特に使用頻度の高い、ページに画像を挿入する方法と、ToDoリストのアイテムなどにリマインダー（通知日時）を設定する方法を解説する。Notionはこうした用途に特化したアプリではないぶん、そうしたアプリと比べるとやや手間がかかるが、スラッシュメニューから機能を呼び出すことができることを覚えておきさえすれば、以降は迷うことなく使えるようになるはずだ。

画像を挿入するためのスラッシュメニューのコマンドが「Image」だ。他のコマンドと同様、「／」に続けて「ima」などコマンド名先頭の数文字を入力すれば、すぐにピックアップされる。コマンド実行後に目的の画像を選択するが、画像サイズは5MBまでに制限されている点に注意しよう（Notionの無料ユーザーの場合）。

リマインダーのコマンドは「Date or reminder」で、「／」に続けて「re」と入力すればピックアップされる。

画像挿入のコマンドをクリックする

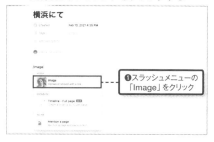

❶スラッシュメニューの「Image」をクリック

❷「Choose an image」をクリック

スラッシュメニューの「Image」をクリックして、続けて表示されるポップアップメニューの「Choose an image」をクリックする。

画像を選択する

❹「Open」をクリック
❸画像をクリック

❺画像が挿入される

MacBook内の画像を選択して、「Open」をクリックすると、ページにその画像が挿入される。挿入された画像をクリックし、deleteキーを押すと削除できる。

1 2
3 4

リマインダー挿入のコマンドをクリックする

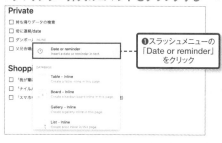

❶スラッシュメニューの「Date or reminder」をクリック

❷「Today」をクリック

スラッシュメニューの「Date or reminder」をクリックして、続けて表示されるポップアップメニューから「Today」をクリックする。

リマインダーの日時を設定する

❸「@Today」をクリック

❹期日や開始時刻、リマインダーを設定できる

挿入された「@Today」のテキストをクリックすると表示される画面の「Remind」で、リマインダーを有効にする。必要に応じて「Include time」をオンにして、通知時間を指定する。

---

4 アイコンが変更される

アイコンが変更される。続けてカバー画像を設定するので、「Add cover」をクリックする。

「Add cover」をクリック

5 カバー画像が設定される

カバー画像が設定される。これもランダムで選ばれたものなので、画像上の「Change cover」をクリックする。

「Change cover」をクリック

6 別のカバー画像を選ぶ

画像一覧が表示されるので、目的のものをクリックすると、カバー画像が変更される。この画面で「Upload」をクリックすれば、手持ちの画像をカバーに設定できる。

目的の画像をクリック

Notionの目的を明確にしやすい テンプレートを使おう

目的に応じて選べる、多彩なテンプレートを使ってみよう

Notionはさまざまな用途に使える一方で、できることが多すぎて、どんなページを作ったらいいのか分からなくなってしまうという声もある。ページカスタマイズの自由度の高さはNotionの魅力の1つだが、それがゆえにNotionには手を出しづらいという人は、テンプレートを使うことをおすすめする。

テンプレートは、さまざまな機能やデザインが設定済みのページのひな形だ。Notionにはテンプレートが多数収録されているのでチェックしてみよう。ただし、標準テンプレートはすべて英語版だ。

日本語のテンプレートを使いたい場合は、有志がインターネット上で公開しているものを、自分のNotionに取り込もう。Notion情報局が運営する「日本語テンプレート Npedia」では、日本語で作成されたページテンプレートが多数公開されている。

1 標準テンプレートを使う

サイドバーの「Templates」をクリックすると、テンプレートのカテゴリ一覧が表示される。カテゴリを展開して、目的のテンプレートを選択し、「Use this template」をクリック。

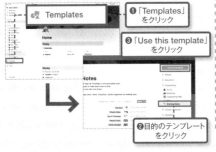

❶「Templates」をクリック
❸「Use this template」をクリック
❷目的のテンプレートをクリック

2 ページが新規作成される

テンプレートを元にした新規ページがサイドバーに追加される。必要に応じて、既存のテキストを書き換えるなどして、通常のページと同様に利用できる。

テンプレートから新規ページが作成される

3 日本語のテンプレートを取り込む

「日本語テンプレート Npedia」のウェブページにブラウザでアクセスして、自分のNotionで使用したいテンプレートをクリックする。

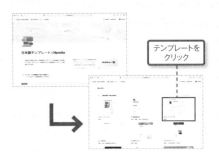

テンプレートをクリック

4 テンプレートの説明が表示される

テンプレートの説明が記載された画面が表示されるので、テンプレートのページへのリンクをクリックする。

❶リンクをクリック

5 テンプレートが表示される

テンプレートのページがブラウザ上で開くので、画面右上の「Duplicate」をクリックする。事前にNotionの公式サイトでログインしておこう。

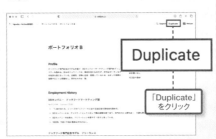

Duplicate

「Duplicate」をクリック

6 テンプレートのページがアプリに追加される

Notionのデスクトップアプリに切り替えると、サイドバーにテンプレートを元にしたページが新規作成されていることを確認できる。

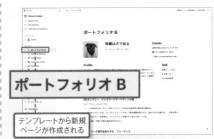

ポートフォリオ B

テンプレートから新規ページが作成される

！ ここがポイント

オリジナルのテンプレートを使う

自分で作ったオリジナルのページをテンプレートとして使うには、まず元となるページを複製する。複製は、サイドバーでページを右クリックすると表示されるメニューで「Duplicate」をクリックする。続けて空のページを用意し、そこに複製したページをドラッグして保管しておこう。以降は、保管したページから必要に応じてページを再度複製し、テンプレート代わりに利用する。

テンプレート専用のページに、既存のページを複製したものを保管しておき、必要に応じて再複製して利用する。

Chapter 4

整理

O R G A N I Z E

整理
ORGANIZE

こんな用途に
便利！

フルスクリーン画面でもファイルのドラッグ＆ドロップができる
→ ウインドウサイズを切り替える必要がなくなる

よく使うファイルやフォルダ、アプリをすぐに呼び出せる
→ ランチャーのように使える

Dockより柔軟に使える
→ ウェブページの画像やテキストの一部などを保存できる

フルスクリーンでの作業を格段に
効率化できる「Yoink」は必須ツール!

**必要なファイルや
フォルダ、アプリを
常に最前面に表示できる**

対応アプリやFinderのウインドウを画面いっぱいに表示できるフルスクリーン機能は、MacでiPhoneやiPadなどに近い使い心地を実現してくれる。しかし、タッチスクリーンを備えていないMacでは、フルスクリーン表示時の複数アプリ間の連携や、異なるフォルダへのファイルのコピー、移動などの操作が今ひとつやりづらい。この問題を解決してくれるのが、「Yoink」だ。

Yoinkは、ファイルやフォルダ、アプリなどを、画面端に表示される半透明のウインドウに一時的に保存しておくことができるアプリだ。一見、小型のDockのようで、役割も似たようなものだが、Dockがウインドウのフルスクリーン表示時に隠れてしまうのに対し、Yoinkの半透明ウインドウはファイルなどを保存している間は常時表示されているという違いがある。下の操作手順のように、Mac内のフォルダとUSBメモリ間などの異なるフォルダをそれぞれフルスクリーン表示していても、いちいちフルスクリーン表示を解除することなく、Yoinkの半透明ウインドウを介してドラッグ＆ドロップでデータをやり取りできる点が便利だ。

Yoink
作者／Matthias Gansrigler
価格／980円
カテゴリ／ユーティリティ

アプリをフルスクリーン表示中も、常に最前面に表示されるYoinkの半透明ウインドウ。ここにファイルなどをドラッグ＆ドロップして登録する

半透明ウインドウには、ファイルやフォルダはもちろん、アプリやクリップボードのデータまで、あらゆるものを一時保管できる

Yoinkを介してデータをやり取りする

1 Yoinkを起動する

Yoinkを起動すると、メニューバーにアイコンが表示される。これをクリックすると表示されるメニューから、各種設定を変更する環境設定を表示したり、Yoinkを終了したりできる。

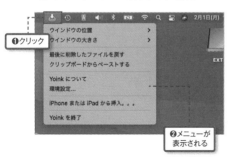

❶クリック

❷メニューが
表示される

2 フォルダを
ドラッグ＆ドロップする

ファイルやフォルダなどをドラッグし始めると、Yoinkの半透明ウインドウが表示される。この半透明ウインドウに、一時保存するファイルやフォルダなどのアイテムをドロップする。

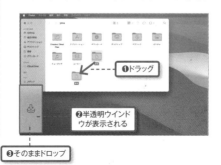

❶ドラッグ

❷半透明ウインドウが表示される

❸そのままドロップ

3 フォルダが登録される

フォルダが登録される。アイテムが登録されている間は、半透明ウインドウは常時表示され、アプリをフルスクリーン表示中や、別の作業ウインドウでも登録したデータにアクセスできる。同様にアプリも登録可能。

アイテムが
登録される

ダブルクリックすると
アイテムが開く

テキストやウェブページの写真、コピペしたデータなども一時保存

　Yoinkはさまざまな形式のデータの一時保存に対応している。たとえば、テキストエディットなどのスマートコピー機能に対応するアプリから、テキストを選択してそのままYoinkの半透明ウインドウにドラッグ＆ドロップすると、そのテキストを登録できる。別のアプリにそのテキストをドラッグ＆ドロップすればコピーできる。スマートコピーに対応していないアプリの場合は、クリップボード経由でYoinkにテキストを登録しよう。他にも、ウェブページに掲載されている一部の画像やURLもドラッグ＆ドロップで一時保存できる。

　このようにさまざまなデータに対応するYoinkだが、あくまで一時保存のためYoinkを終了すると登録したデータは消えてしまう。手元に残したいデータは、半透明ウインドウからデスクトップなどにドラッグ＆ドロップして保存しておこう。

❶テキストを選択

❷ドラッグ＆ドロップ

❸登録される

一時保存したいテキストを選択しておき、そのままYoinkの半透明ウインドウにドラッグ＆ドロップすると、テキストデータが登録される。これを別アプリにドラッグして再利用可能だ。

❶テキストを選択

❷右クリック

❸「コピー」をクリック

❹メニューをクリック

❺「クリップボードからペーストする」をクリック

テキストをドラッグ＆ドロップできないアプリでは、テキストを選択して右クリックメニューから「コピー」をクリックし、クリップボードに保存、Yoinkのメニューの「クリップボードからペーストする」をクリックする。

ドラッグ＆ドロップ

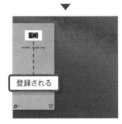

登録される

ウェブページ上のコピー許可されている画像を、Yoinkの半透明ウインドウにドラッグ＆ドロップして登録できる。SNSに投稿された画像や、メッセージアプリで受信した画像も同様に登録可能だ。

❶ドラッグ＆ドロップ

❷登録される

Safariのスマート検索フィールドから、現在表示中のウェブページのURLを選択し、そのままYoinkの半透明ウインドウにドラッグ＆ドロップで登録できる。

！ここがポイント

Yoinkの半透明ウインドウの位置や大きさを変更する

　半透明ウインドウを表示させる位置は、登録するアイテムをドラッグした位置に表示できれば、ドラッグの距離を最小限にすることができて効率的だ。このように設定するには、Yoinkアイコンのメニューから「環境設定」を選択し、「振る舞い」をクリックして、「ドラッグを開始したら」を選択する。

「ドラッグを開始したら、マウスカーソルの位置に」を選択する

「ドラッグを開始したら」を選択すると、ドラッグ開始位置に半透明ウインドウが表示される。

---

4 別のウインドウに切り替える

別のフォルダ（ここではUSBメモリ）のウインドウを開いて、半透明ウインドウから目的のデータをUSBメモリのウインドウにドラッグ＆ドロップする。

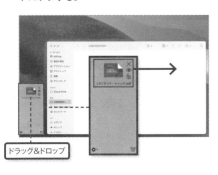

ドラッグ＆ドロップ

5 データがコピーされる

USBメモリにYoinkに一時保存していたデータがコピーされる。Yoinkの半透明ウインドウからは、コピーしたデータは自動的に削除され、半透明ウインドウは非表示になる。

❶コピーされる

❷半透明ウインドウは非表示になる

6 半透明ウインドウの位置を変える

メニューバーのYoinkアイコンをクリックすると表示されるメニューから「ウインドウの位置」をクリックすると、サブメニューから半透明ウインドウの表示位置を変更できる。

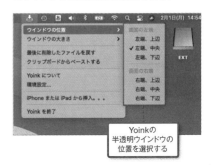

Yoinkの半透明ウインドウの位置を選択する

整理
ORGANIZE

こんな用途に便利！

デスクトップをすっきりさせたい
→ ウインドウの整列で見やすいデスクトップにできる

複数のアプリを効率的に使いたい
→ 異なるアプリのウインドウをキレイに並べられる

ウインドウをサクッと整理したい
→ ドラッグ＆ドロップやショートカットキーが使える

複数ウインドウでの作業を確実に効率アップできるテクニック

散らばったウインドウをすばやく整列、リサイズできるアプリを使う

ブラウザでウェブページの記事を読みながら、テキストエディットでその要点をまとめ、SNSアプリで先方に連絡してから、要点をまとめたものを添付ファイルにしてメールで送るといったように、Macで仕事をしているとどうしても、複数のアプリやウインドウを行き来することが多くなる。こうして開いているウインドウの数が増えてくると、どこにどのウインドウがあるのか、ついつい見失ってしまいがちだ。MacにはSplit ViewやMission Controlといった、複数ウインドウを整理して見やすく、探しやすくする機能が標準で備わっているが、前者は最大で2つのウインドウしか同時表示できず、対応するアプリも限られてしまう。Missi

on Controlは、あくまで一時的に複数のウインドウを1画面に表示して切り替えるためのもので、編集やスクロールといった操作ができない。こうした不満を解消してくれるのが、「Magnet」や「Spectacle」といったウインドウマネージャーアプリだ。

2つのアプリはいずれも、画面内にバラバラに散らばったウインドウを、左右、上下、四隅といった形で整列させる機能を備えている。メニューバーのアプリアイコンからウインドウの配置位置を選択したり、配置位置ごとにショートカットキーが用意されている点も共通だ。細かい機能に違いがあるので、使い比べてみて自分の手になじむも

のをチョイスするといいだろう。

Magnet

作者／CrowdCafe
価格／600円
カテゴリ／仕事効率化

Spectacle

作者／Eric Czarny　価格／無料
URL／https://www.spectacleapp.com

デスクトップ上に散らばって収集がつかなくなったウインドウを、

簡単な操作ですっきり整列！

Magnet、Spectacleはいずれも、ウインドウをデスクトップ上の任意の位置に移動、リサイズするためのアプリ。特にウェブブラウズしながら書類を書くといった、複数の作業を並行して進めたい場合に、その便利さを実感できるはずだ。

リサイズやマルチディスプレイに強みを発揮するSpectacle

1 メニューバーから整列、リサイズする

メニューバーのSpectacleアイコンをクリック、表示されるメニューからウインドウの配置や大きさを選択する。各メニュー項目には、ショートカットキーが割り当てられている。

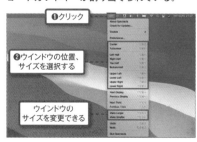
❶クリック
❷ウインドウの位置、サイズを選択する
ウインドウのサイズを変更できる

2 ショートカットキーで整列、リサイズする

画面を左右に分割して、その右側にウインドウを配置する場合は、目的のウインドウをアクティブにして、command＋option＋→キーを押す。

❶ウインドウをアクティブにする
❷command+option+→キーを押す

3 連続してリサイズする

ウインドウが画面右半分に配置、リサイズされる。この状態で、さらに同じショートカットキーのcommand＋option＋→キーを押す。

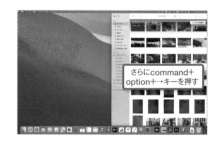
さらにcommand+option+→キーを押す

Magnetの使い方は2通り! 好みの方法でウインドウを整列する

　Magnetでのウインドウ整列、リサイズの操作方法は3通り用意されている。まずはメニューバーのアイコンを使う方法だ。整列、リサイズするウインドウをクリックしてアクティブにしておき、メニューバーのMagnetアイコンをクリックすると表示されるメニューから、目的の配置を選ぶ。

　それぞれの配置、サイズにはショートカットキーが割り当てられ、同じメニューから確認できる。ショートカットキーを使えば、マウスやトラックパッドに手を伸ばすことなく、キーボード操作だけで整列、リサイズできるので、覚えておくといいだろう。

　2つ目は、ウインドウを所定の位置にドラッグして整列、リサイズする方法だ。ウインドウ上部の余白部分やタイトルバーなどを画面端までドラッグすると、その位置にウインドウが固定されてリサイズされる。ドラッグする位置によってウインドウの配置や大きさは変わるので、いろいろ試してみよう。

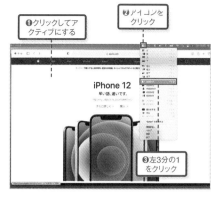

❶クリックしてアクティブにする
❷アイコンをクリック
❸左3分の1をクリック

整列、リサイズするウインドウをクリックしてアクティブにし、Magnetアイコンをクリックすると表示されるメニューから目的の配置(ここでは「左3分の1」)をクリックする。

ウインドウが画面左端にスナップされ、横幅が画面1／3の大きさになる。元の位置、大きさに戻すには、同じメニューで「復元」をクリックする。

1 | 2
3 | 4

❶ドラッグする
❷ガイドが表示されたら指を放す

ウインドウの上部余白やタイトルバーを、画面の端の方にドラッグする。ドラッグした位置にガイド(白枠)が表示されたら、トラックパッドやマウスから指を放す。

ガイドの位置にウインドウが移動し、ガイドの形状に合わせてウインドウがリサイズされる。ウインドウを元の位置、大きさに戻すには、メニューから「復元する」をクリックする。

クリックすると、ウインドウが直前の状態に戻る

！ここがポイント

Magnetのウインドウ整列ショートカットキーは変更できる

　Magnet、Spectacleともに、すべてのウインドウ配置方法にショートカットキーが割り当てられているが、多すぎて覚えられない、キーの組み合わせが使いにくいと感じる人もいるだろう。その場合は、環境設定からショートカットキーを一覧表示できるのでこれを利用しよう。またこの画面では、ショートカットキーの組み合わせを自由にカスタマイズすることもできるので、使いやすいキーの組み合わせを設定しておくと便利だ。

Magnetはメニューから「環境設定」、Spectacleはメニューから「Preferences」をクリックして環境設定を表示する。

---

4 リサイズされる

ウインドウの横幅が画面の半分から2／3サイズに変更される。さらに同じショートカットキーを押すと1／3サイズになり、もう1度押すと半分のサイズに戻る。

5 別ディスプレイにウインドウを移動する

マルチディスプレイで「個別のディスプレイ」になっているときに、目的のウインドウをアクティブにして、Spectacleのメニューから「Next Display」を選択する。

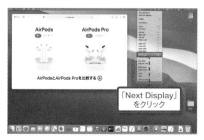

「Next Display」をクリック

6 ウインドウが別ディスプレイに移動する

別ディスプレイにウインドウが移動する。同じことはSidecarで接続したiPadの画面でもできるが、Spectacleならこの操作がショートカットキーでも実行できる点が便利だ。

別ディスプレイにウインドウが移動する

こんな用途に便利！

Finderをパワーアップできる
→ 画面の印象は変わらず、機能を大幅に強化できる

カスタマイズが自在にできる
→ ウインドウの構成要素の配置や配色を自由に変更できる

データアクセスが快適になる
→ さまざまな独自機能により、ファイルやフォルダへのアクセスが快適、高速になる

Finderを格段に使いやすくする「Path Finder」

純正Finderでは物足りない！というニーズに応えるアプリ

Macでのファイルやフォルダ操作全般を担うのは、言わずと知れた「Finder」だ。FinderはMacに標準搭載されている特殊なアプリで、ファイルやフォルダをアイコンで表示しつつ、見やすいように並べ替えたり、異なるフォルダ間でファイルをコピー／移動したりできる。あまりにも日常的に触れているため、Finderがアプリということも意識せず、標準機能として受け入れている人が大多数だろう。しかし、Finderはあくまでアプリ。その使い勝手に不満があるのであれば、Finderのすべての機能を備えつつ、さらに高機能なアプリに置き換えてしまえばいい。そんなニーズに応えてくれるのが、「Path Finder」だ。

Path Finderは、正確には「ファイルマネージャー」というジャンルに属するアプリだ。その名のとおり、ファイルやフォルダの管理全般を担うもので、純正Finderが持つすべての機能を網羅する。Path Finderの外観は純正Finderと大きくは変わらないため、多くの人が違和感なく移行できるだろう。何より、デュアルブラウザやドロップスタック、ブックマークといった純正にはない便利機能が搭載され、カスタマイズの幅も広いため、自分好みの環境で直観的にファイルやフォルダを操作できる点が、Path Finderの最大の魅力といえるだろう。

Path Finder

作者／COCOATECH-SAN FRANCISCO, CA
価格／40ドル（30日間の試用版あり）
URL／https://cocoatech.com/

純正Finderと比べたPath Finderの利点は？

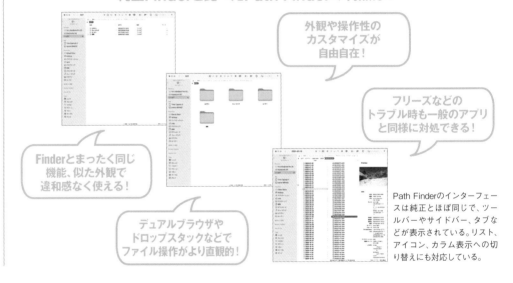

外観や操作性の
カスタマイズが
自由自在！

フリーズなどの
トラブル時も一般のアプリ
と同様に対処できる！

Finderとまったく同じ
機能、似た外観で
違和感なく使える！

デュアルブラウザや
ドロップスタックなどで
ファイル操作がより直観的！

Path Finderのインターフェースは純正とほぼ同じで、ツールバーやサイドバー、タブなどが表示されている。リスト、アイコン、カラム表示への切り替えにも対応している。

Path Finderをインストール、設定する

1 Path Finderを入手する

Path Finderは公式サイトで「Download Now」をクリックして入手できる。有料アプリだが、インストール後30日間は無償で全機能を利用できるので、まずは試してみよう。

「Download Now」をクリック

2 標準ファイルマネージャーに設定する

「Path Finder」メニューから「環境設定」をクリックし、「一般」パネルを表示。画像の各項目にチェックを入れると、純正Finderを置き換えて使えるようになる。

「ログイン時に〜」にチェックを入れる

「デフォルトの〜」にチェックを入れる

3 既定動作の設定をする

環境設定の「ブラウザ」パネルでは、アプリ起動時に表示するフォルダや、ファイルの初期表示形式、ファイルサイズの表示方法といった、アプリの既定の動作を設定する。

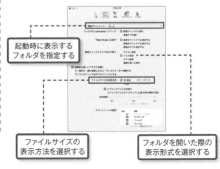

起動時に表示するフォルダを指定する

ファイルサイズの表示方法を選択する

フォルダを開いた際の表示形式を選択する

Path Finder ならではの機能を使いこなす

　純正にはないPath Finderならではの機能の中で特に便利なのが、デュアルブラウザとドロップスタックだ。デュアルブラウザはウインドウを2分割し、異なる2つのフォルダの中身を比較できる機能で、フォルダ間のドラッグ&ドロップによるファイルの移動／コピーにも対応する。ドロップスタックは、ファイルやフォルダを一時的に保管する機能だ。目的のデータをここに保管しておき、別フォルダにコピーしたり、ファイルを後からすばやく開いたりといった場合に役立つ。

　よく使うフォルダやファイルをブックマークとして登録しておけば、別フォルダを開いている場合でもブックマークバーからすばやくアクセスできる。サイドバーでも同様のことができるが、利便性ではブックマークが勝る。さらに、モジュールによってウインドウにさまざまな機能を追加できる点も、Path Finderの使い勝手向上に大きく寄与するものだ。

フォルダの中身を比較できる「デュアルブラウザ」
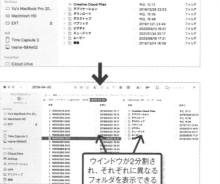

ファイルやフォルダを一時的に保管する「ドロップスタック」
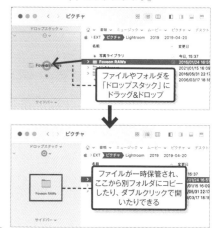

よく使うフォルダにすばやくアクセスできる「ブックマーク」
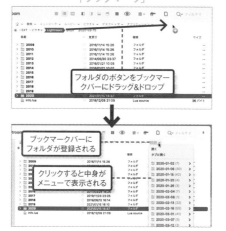

さまざまな機能を追加できる「モジュール」
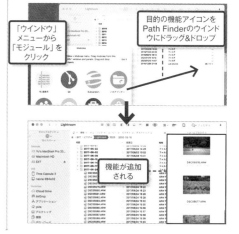

ここがポイント

純正より見やすいラベル機能

Path Finderでも、純正Finderと同様の操作でファイルやフォルダにラベルを設定できる。純正はOSのバージョンが上がるごとにラベルが見づらくなってしまったが、Path Finderのラベルはひと目で分かる上、純正と完全互換なので、Finderに戻ってもラベルが反映されているのがうれしいポイントだ。

純正では分かりづらいラベルが、ファイル名全体に適用され、分かりやすい。

4 キーボードの動作を設定する

各種ショートカットキーをはじめとするキーボードの動作は、Finderと共通にしておくと混乱が少ない。「機能」パネルの「キーボード」で設定可能だ。

5 フォントサイズや配色を設定する

環境設定の「アピアランス」パネルでは、Path Finderの表示フォントを大きくしたり、インターフェースの配色を変更したりできる。見やすいようにカスタマイズしよう。

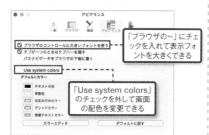

6 ドラッグ&ドロップで配置を変更する

Path Finderのウインドウを構成する各要素は、そのタイトルの余白部分をドラッグして配置を自由に変更できる。「ファイル」メニューから変更後の配置を記憶させることも可能だ。

091

こんな用途に便利!

散らばったホーム画面を整理する
→ Macからドラッグ&ドロップで簡単に整理できる

アプリをMacの中にバックアップする
→ 公開停止になってしまったアプリもMac上からインストール可能

アプリ内にファイルを転送
→ iTunesを使わずともファイル転送に対応したアプリ内にファイルを送れる

ダウングレードも自在! Macで iPhoneアプリを完璧に管理する

なくなったあの機能も! かゆいところに手が届く iPhoneアプリ管理ツール

かつてiPhone（iOS）は、MacやWindowsのiTunes上からアプリを整理したり、購入済みアプリの再ダウンロードが行えた。PCでの作業がメインなユーザーにとっては便利な機能だったのが、現在この機能は削除され、すべてiPhone上で完結するようになった。ここで紹介する「AppSitter」は、かつてあったこの機能を利用できるようになるサードパーティアプリだ。

使い方は簡単で、iPhoneを接続してiPhone内のアプリをAppSitter独自のライブラリにバックアップ。バックアップされたアプリはMac上の操作で、iPhone内へとインストールしたり、削除できる。Macのストレージ内にアプリデータをそのまま保存することになるため、

Macのストレージ容量を圧迫するが、事前にAppSitterでバックアップを取っておくことで、配信停止されたアプリなどもインストールできるというのも利点だ。また、ホーム画面のアプリのレイアウトをバックアップ・復元といったことも可能。マウス操作で、効率よくホーム画面のアプリレイアウトを変更できるため、面倒なアプリ整理の手助けとなる。

こうした、便利な機能が満載のツールだが、あくまでもApple非公認の外部ツールとなる。アプリによっては思わぬトラブルが起こる可能性も否定できない。また、アプリの性質上、Apple IDの入力が必要なのもやや気がかり。利用は自己責任だ。

AppSitter
作者／Xi3　価格／無料
URL／https://www.iphone-utility.com/appsitter/

Mac内にアプリを保存して、アップデートや管理などが行なえる。いざというときはダウングレードなども可能だ。

ホーム画面のアプリレイアウトをドラッグで変更可能。特定の条件で自動分別してくれる「スマート分類」も便利だ。

AppSitterでアプリを管理できるようにする

1 AppSitterを起動してiPhoneを接続

MacにAppSitterをインストールしたら、iPhoneの接続が促される。通常同期するのと同じようにiPhoneを接続しよう。

2 購入済みアプリをライブラリにダウンロード

「App管理」ボタンをクリック。「このデバイスで購入済みApp」からアプリを選び、「ライブラリにダウンロード」をクリックする。

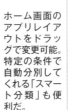
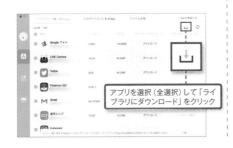

アプリを選択（全選択）して「ライブラリにダウンロード」をクリック

3 Apple IDでサインインしてアプリをダウンロード

Apple IDでサインインすると、アプリがAppSitterへとダウンロードされていく。

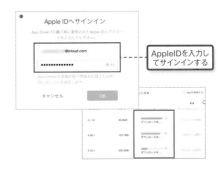

AppleIDを入力してサインインする

かゆいところに手が届く便利なアプリ管理は日々の整理にベスト

AppSitterのアプリ管理機能は、かつてのiTunesのそれを超えているといってもいいほど多機能。まずMacユーザーにとって恩恵が大きいのが、アプリの整理機能だ。これは手動での整理はもちろん。アプリを指定した条件でまとめてくれる「スマート分類」もユニーク。「カテゴリ」「色」「役割」など、iOS標準の「Appライブラリ」機能とは違ったまとめ方ができるので、整理整頓に役立つはずだ。

また、iPhone上から削除したアプリでも、いつでも再インストールできるAppSitter独自の機能にも注目したい。バックアップ済みであれば、古いバージョンのアプリも再インストールが可能になる。アプリを更新したら見た目が変わって使いづらい！というのであれば利用してもいい。ただし、古いバージョンやAppStoreから削除されたアプリを使い続けるのは、セキュリティ的にもリスクがある行為なので、こちらもまた自己責任となる点を留意してほしい。

アプリアイコンを重ねればフォルダ化もできる

ドラッグで場所を移動

クリックして変更を適用させる

「ホーム画面整理」では、アプリをMacから整理整頓できる。ドラッグで場所を移動したり、フォルダにまとめられるのが便利だ。

さまざまな条件でアプリを自動整理できる

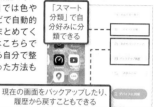

アプリ整理機能の「スマート分類」では色やカテゴリなどで自動的にアプリをまとめてくれる。まずはこちらでまとめてから自分で整理するといった方法も有効だ。

「スマート分類」で自分好みに分類できる

現在の画面をバックアップしたり、履歴から戻すこともできる

1 2 3 4

バックアップ済みのアプリをiPhoneにインストール可能

最新バージョンをチェックしてアップデートできる

「ライブラリ」からはバックアップ済みのアプリをiPhoneにインストールできる。また、「App管理」ではMac上からアプリのバージョンアップも可能だ。

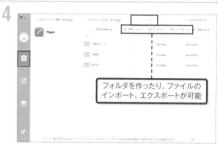

フォルダを作ったり、ファイルのインポート、エクスポートが可能

「App管理」の「ファイル共有」からは、転送機能のあるアプリにファイルを送り込める。フォルダ作成などの操作も直感的で、AppSitterから可能と、Finderからの管理よりも使い勝手が良い。

ファイルを選び、アプリ内に転送できる

ここがポイント

自分のスタイルでiOSを管理できる「iMazing」との違い

AppSitterがアプリ管理に特化したツールなら、「iMazing」はiPhoneのトータルバックアップツール。アプリをMacで管理できる機能に加え、メッセージや連絡先、カレンダーなど、さまざまなiPhoneの機能のバックアップ、リストア、転送に対応。iPhoneをトータルで管理したいなら、「iMazing」の方が強力だ。

iPhoneのほぼすべての機能を、自分のスタイルで管理することができる。

iMazing 2
作者／DigiDNA Sarl
価格／6,000円〜（無料試用あり）
URL／https://imazing.com/ja

---

4 ライブラリ内のアプリを確認する

「ライブラリ」ボタンをクリックすると、AppSitterへと保存されたアプリを確認できる。こちらからiPhoneへとインストールが可能だ。

ダウンロード済みのアプリを確認できる

5 利用しているiPhoneの容量やアカウントを確認

「接続済みデバイス」ボタンでは、iPhoneの残容量やサインインしているアカウント情報を確認できる。アカウントの追加もこちらから。

iPhoneのストレージの残容量を確認

別のApple IDアカウントを追加するにはこちらから

一部機能は有料サービスとなる

AppSitterは無料で使えるが、いくつかの機能は正式版（1,280円）を購入する必要がある。まずはベーシックな機能を利用して、使い勝手を確かめてみよう。

My MacBook Style II

マイ MacBook スタイル

普段からMacBookを使っている写真家、アーティスト、映像作家の3人に話を伺える機会を得たので、仕事の仕方や考え方、MacBookとのつきあい方などについて話を聞いた。3人とも、クリエイティブ路線の職種ではあるが、似ているようで似ていない、その仕事への取り組み方から、なにかのヒントを得てもらえれば幸いである。

撮影／鈴木文彦(Snap!)
文／編集部

PROFILE

小林真梨子

写真家

1993年東京生まれ。日本大学芸術学部写真学科卒業。大学入学をきっかけに写真を始め、「楽しいこと」を追求しながら写真を撮っている。フリーの写真家として、雑誌や広告、アパレルブランドなどの撮影を行っている。

Instagram=@marinko5589
Twitter=@marinko5589

「撮り直しのできない フィルムカメラだからこそ、撮れる表情がある」

その人の「素の表情」を撮っていきたい

●小林さんは雑誌や広告などで活躍されていますが、人物のポートレート撮影が中心ですよね。撮影時に心がけていることはありますか?

基本的に「カメラマン対モデル」という構図ではなく、友達に見せるような表情をしてもらいたい、と考えています。なので結構話しかけますね。会話しながら撮影します。素の表情……柔らかい部分を出せたらいいなと。あとは

終わったあとに「楽しかった!」と思ってもらえるような撮影を毎回心がけてます。

でも毎回上手くいくわけではなくて、例えば映画の番宣の撮影だったりすると、撮影時間が5分ぐらいしかなかったりするんですけど、そんな中でも会話を楽しむようにしています。

●なるほど、会話をしている感じは、確かに写真からも現れている気がします。レタッチのときはどうですか?

私はフィルムで撮ることが多いので、そもそも「あまりレタッチしないです」と事前に伝え

たりしてます。レタッチするとしてもシミを消すとか、簡単な補正レベルですね。大きく使うときは、お店でネガをスキャンしてもらってデータで入稿しています。そういうときでもカメラはほとんど35mmです。

●そうなのですか!? ほとんどフィルムとは驚きました。フィルム撮影は緊張感がありませんか?

その逆というか、デジタルだとファインダーを覗いたときに「撮り直せるんだ」と思っちゃうんです。そうなると、どう撮っていいのかわ

からなくなるんですよ。一回限りと思っていないと、集中力が持たなくて撮れないんです。

フィルムの方が私にとっては何も考えずに手が動くというか、撮ってて気楽なんです。そのリラックス状態が相手にも伝わる感じです。色合いもフィルムの方が好きですし。

あとデジタルだと、上手い人がいっぱいいるのがわかっているから、私じゃなくてもいいんじゃないかとも思っちゃいますね。フィルムの方が自分のカラーを出せる、と思いますね。

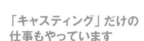

MacBook Pro
15インチモデル（2019）
メモリ:16GB
OS:Mojave
―――――――――――――
MacBook Pro
13インチモデル（2013）
メモリ:16GB
OS:High Shierra

2台のMacBookを
用途を分けて使っている

●仕事に使っているのは13インチと15インチのMacBook Proですね。それぞれの用途は決まっているんですか？

13インチの方は、Wordで請求書を作ったり、Excelでイベントなどのシフト表を作ったり、主に事務用のマシンですね。大学1年生のときに買ったものなので相当古いんですけど、まだ使えています。

15インチの方がメインで、こちらはAdobe LightroomやPhotoshopなどを使ってのレタッチ用マシンですね。Netflixで動画を見たり、LINEを使ったりもこのMacBookです。

外部ディスプレイなどは使わずに、ソファで使ったり、キッチンのテーブルで使ったり、冬はこたつに入って使ったり、家の中で頻繁に持ち歩いて使ってます。

「キャスティング」だけの
仕事もやっています

●小林さんは写真家としての仕事以外にもキャスティングや、ほかの仕事もやってますよね？

そうですね、キャスティングもやってますし、美術さんとかギャラリーのお手伝いとかも、これと決めずにいろいろとやっています。

キャスティングは、MV（ミュージックビデオ）や広告などの映像で、出演の子やメイクのスタッフなどを、役者さんやモデルさんのイメージに合わせて候補を出す、という感じです。キャスティングだけの仕事もあるので、カメラマンさんが自分でもないこともあります（笑）。BEAMSの40周年記念プロジェクトのムービーでは、80人必要なモデルのうち、70人弱を私の方で手配してスケジュール管理などやりました。これが今までで一番大変でした（笑）。

●70人ですか！それは過酷すぎますね。

大変ですけど、元々マネージャーになりたかったので、嫌いな仕事ではないんです。カメラマンという立場ではなく、いろい

ろな現場に行って、美術のお手伝いとかキャスティングなどをやっていると、いろいろなジャンルの人から刺激をもらえて日々が充実するんです。写真家としての活動だけだと、ほかの人がカメラを構えている姿を見ることもないし、世界が広がらないんですね。この状態が続いていくのが理想ですね。決まりきったことだけ続けるのは、そこで行き詰まったとき、逃げ場がなくて怖いですし（笑）。

『1993』
25歳になる機会に、自分が生まれた「1993年」に生まれた、同い年の人物30人以上に協力してもらい作ったZINE。300部作成して、表参道ヒルズのギャラリーで企画展も行った。映像や写真に関わるクリエイターのほか、タクシードライバーになった友達なども出演している。

『relax』復刊号（マガジンハウス）
2020年11月に1号限りの復活を果たした「relax」誌で、渋谷・センター街をテーマに撮影。正面を向いたカットもあったが、採用されたのは後ろ向きだったという。

『MLK』
大学時代から、プライベートで毎月何人か撮影して、それを20ページぐらいの冊子にしている。すでに100冊近くを紙の本にしている。「何もない日がイヤ！」ということで、そういう日に連絡を入れて、1～2時間ぐらい散歩しながら撮影しているという。

「絵の具を使うことも、
Macで作品を作ることも、
両方楽しいですね」

PROFILE

片岡亮介

アーティスト

1993年岡山県生まれ。東京造形大学卒業。ペインティングやインスタレーションなどの、さまざまなメディアを用いた作品を発表している。

Instagram=@kataoka___ryosuke
https://kataokaryosuke.tumblr.com

今年は「作品作り」を
活動の中心にしたい

●片岡さんは、オリジナルの作品作りと、企業からの案件の両方を今は行っている感じなのでしょうか？

そうですね。グラフィックデザインのお仕事など、いただけるものはありがたく対応してますが、今年は特に作品作りに力を入れていきたいと思っています。

●流れとしては個展を目指してやっていくイメージですか？

そういう場合もありますけど、今は特に具体的な展示をイメージして作るわけでもないですね。基本はシンプルに今、作りたいものを作っています。

●ふと思いついたアイディアを、具現化していく過程はどのように進むのですか？

そうですね、まず外で浮かんだものはiPhoneの「メモ」アプリにテキストでメモしますね。それと、とにかくiPhoneでメモ代わりによく写真を撮ります。iPhoneではメモアプリに指で描いたりもしますね。「Brushes Redux」というスケッチアプリも使いますね。これはデイビット・ホックニーがiPad版で使っていたというアプリです。

その次の段階として、MacBookのAdobe Illustratorを使って考えたり、紙にドローイングしたりして、そこを経てからキャンバスに向

かう、という流れです。この流れもiPadがあればもう少し早くできそうなんで、今iPadが欲しいですね（笑）。

●片岡さんの作品は、大きいものも多いと思うのですが、作品の保管はどうしているのですか？

ギャラリーの人に持ってもらっているものなどもありますが、今の家になってからは家の中に飾っておけるので苦労はしてないですね。前の家は狭かったので、作ったものをすべてしまっておかなければならなかったのがかなりストレスでした。まあ、あと、絵は売れたらなくなりますし（笑）。ありがたいことに前回（2020年）の個展ではたくさん売れたんです！

●素晴らしいですね。でも売れたら売れたで寂しかったりしないんですか？

寂しいです（笑）。でも、購入していただけることはとても嬉しいです。

週6で夜勤のバイトをして買った
MacBook！

●ではMacBookについて聞いていきたいんですが、片岡さんのMacBook Proは「Early

2013」の15インチモデルですが、これは買ったときは相当高かったんじゃないですか？

浪人して東京造形大学に入ったんですけど、受かってから入学までの1ヶ月ぐらいの間、週6の夜勤でバイトして、そのお金で買いました（笑）。Adobe CS6も同時に買ったので、30万近くしたような気がします。

**MacBook Pro
15インチモデル（2013）
メモリ:16GB
OS:Mojave**

●なにか、自分独自の設定や使い方はありますか？

ほぼデフォルトのままで使っていると思うんですが、特徴があるとしたら、ネットサーフィンで気になった画像はとにかくたくさん収集している、ということですかね。画像を検索するキーワードも日本語と英語で試したり、通常はブラウザがGoogle Chromeなんですけど、Chromeでダウンロードできない画像（アイコンなど）は、Safariの開発メニューを使ってダウンロードしたりもします。こういう部分はすごく追求してます。

●片岡さんは、Macでも作品を作られてますが、キャンバスで作品を作るのと、Macで作るのとではモチベーションなどに違いは出てくるものでしょうか？

そこに違いは感じないですね。絵の具を使うときのフィジカル感……それはさすがに違いますけど、Macで作品を作るのもすごく好

きなんです。両者の違いも楽しいなあと思います。Macならミスもすぐ直せますし、コピペもできるし、いいところが多いです。Macと違って、同じ絵柄をキャンバス上にたくさん描くのはすごく大変なんですよ（笑）。

**海外に行くと、落ちているゴミを
見るだけでも面白い!**

●話は変わりますが、ニューヨークに行った経験は、どのような影響を与えてくれた感じでしょうか？

合わせて半年ぐらいの期間ですけど、人の影響を受けたというよりは、街や生活そのものから感じるものが多かった印象がありますね。美術館に行ったり、ただ街を歩いているだけでもちょっとした発見ってあるじゃないですか？それこそ落ちているゴミにしてもニューヨークだと日本とは違うわけです。それだけでいいなあ、と。普通に寝て起きて街を歩くだけでも発見がありましたね。

あとニューヨークに限らず美術館などで、本物の作品を実際に見る、ということは重要ですね。自分の作品も、これを写真で見たらスケール感が全然わからないと思いますし。作品の前に立ったときに、作品に覆われる感覚って大切だと思うんです。

canvas

埼玉県にある邸宅で行われた、ペインティングとパフォーマンス作品。筆と油絵の具を使用して制作されました。

WELLNESS PAINTINGS

2020年7月に目黒区のVOILLDで行われた展示『WELLNESS PAINTINGS』の作品。無機質なピクセルアート、アイコン、フリーハンドの曲線、CGなどが渾然一体となって構成されている。

HALF-ASLEEP

2020年2月にBEAMS JAPANで行われた展示『HALF-ASLEEP』の作品。現実と虚構の曖昧な境界を主題に、目覚まし時計をモチーフとして制作されたシリーズ。

「身体と精神を消耗させない、
もっと効率のよい方法を
ずっと模索しています」

PROFILE

西村理佐

写真、映像作家、アートディレクター

1992年北海道生まれ。桜美林大学映画専修卒業
後、雑誌での写真や、MVやファッションでの映像
を中心としたクリエイティブ活動を行っている。
アートディレクションやプロデュースも手掛ける
ほか、モデルとしても活躍中。

Instagram=@184184
Twitter=@__Loquat__

撮影と編集が続き、
短い睡眠が続く毎日!

●西村さんは、今回のようにモデルをやりなが
らも、写真家、映像作家、アートディレクション
などもやっているということで、仕事にすごく
幅がありますよね?

　そうですね。でもそのうちの7割は、映像の編
集で、毎週締切があるので、週刊連載のマンガ
家さんのような納期です。打ち合わせして、資
料にして、撮影して、編集して出して、また撮影
して編集して出して……というのが同時進行で
襲ってくる感じがずっと続いてます。

●映像の内容はどういうものが多いんですか?

　MV(ミュージックビデオ)だったり、アー
ティストさんのメイキングだったり、ファッ
ションのブランドのドキュメントムービーだっ
たり、あと俳優さんのカレンダーのディレク
ションも何度かやらせて頂いてるですけど、そ
れにも映像がついてたりします。
　先月(2021年1月)は、丸1日の休みはなかっ
たぐらいです。クライアントさんが起きてる時
間は撮影や打ち合わせ、寝ている時間は編集な
ので。もっと効率の良い方法がないのかな、と
模索してはいるんですが。

現在の映像関連の仕事は、
ストレージとの闘いでもある

●そこまで過酷ですか!?　映像の編集には

MacBook Pro
15インチモデル（2018）
メモリ:32GB
OS:Catalina

MacBook Pro
13インチモデル（2015）
メモリ:16GB
OS:Catalina

MacBook Pro 15インチモデル（2018）を使っているんですね。

そうです。アプリはAdobe Premiere Proを使っている時間が一番長いですね。カメラをSONYのα7sⅢにした場合の素材はPremiereで編集します。

もうひとつのパターンとしては、Blackmagic Cinema Cameraで撮った場合は、DaVinci Resolveでカラコレ、他の作業はPremiereで編集をすることが多いですね。イメージ映像の質感や色の要求など高度なときは自分で扱えるシネマカメラを使って、ドキュメントっぽいもの、リアルで手軽なものはα7sⅢと使い分けている感じです。

Blackmagicのカメラは、「Cfast」という仕様のメディアを使うんですが、より高画質を要求されることが多いので、128GBでも13分とかしか撮れないんですよ。とにかくストレージの確保が大変なんです。編集作業ではプロキシという軽いデータを作りますが。基本は外部のSSD上で作業をして、終わったらHDDに移動

させるんですけど、同時進行が多すぎてSSDを空けることができなかったりで。でもまあ、CGやアニメーションをやっている人に比べたら、全然楽とは思うんですけど……。

映像の資料書類や香盤まで自分で作成します

●いやあ、聞いてるだけでつらいものがありますね！ やはり映像編集は恐ろしい世界ですね。映像編集以外でよく使うアプリは何ですか？

Pagesで企画書とかコンテを作ったり、Excelで香盤（撮影の際の詳細なスケジュール表）を作ったり、資料書類を作る作業も結構多いです。予算によっては1本丸投げでお願いされたりするので、全部自分で作るしかないというか。

あとはAdobe Illustratorも使いますね。ディレクションとかプロデュースの仕事もたまにあるので、デザイナーさんとやりとりしなきゃならなかったりで。写真を撮る仕事も

ずっと続けているので、Adobe PhotoshopとLightroom、Capture1も使ってます。

●サブスクリプションの金額がすごいことになってそうですね（笑）。

Adobeは、After Effectsなんかもテロップの

兵頭功海 2021.4-2022.3 カレンダー
俳優・兵頭功海のカレンダーのディレクションと撮影を担当。12ヶ月間、彼と過ごすストーリーのあるカレンダーとして制作し、中にはQRコードで読み取れるオリジナルムービーも付いており、それの撮影と編集を担当した。
https://www.asmart.jp/hyodo_katsumi

NO RULES FOR "ファッションの作り方"
「Ameri VINTAGE」を運営するB STONE株式会社の公式YouTubeチャンネル「NO RULES FOR」。このチャンネル内のアパレルブランドの制作背景に密着したドキュメンタリー調の動画"ファッションの作り方"の撮影と編集を担当している。
https://www.youtube.com/c/NORULESFOR/about

TROIS BLANC モデル
モデルとしての活動も時折行っている。写真は2020年12月にSHINJUKU NEWoMan M2で行われた合同POP UPストア「TROIS BLANC」でのモデルのもの。

文字へのエフェクトなどに使っているので、毎月結構な額になっているでしょうね。いくらになっているか知らないんですけど（笑）。学生のときは安かった気がします。

●もう1台のMacBook Pro 13インチはどのような用途に使っているんですか？

映像編集の書き出しの段階になったりすると、40分間ただ待つしかない……みたいな状況に15インチのマシンがなるんですよ。その間は、13インチの方のMacBookで企画書を1本上げよう、みたいな感じでマシンを分けて使ってます。ハイスペックなマシンなら1台でも同時に何本も製作できるんですが。

●なるほど、重い作業時のサブマシンとしては2台あると心強いですね。そのほかに必須のものなどはありますか？

テザリングをすごく長時間使いますね。iPhoneでは、月に50GB使えるプラン（Softbank）に入ってます。撮影現場にいるときに直しの依頼に早急に対応しなきゃいけないときもあるので外での作業も多いです。それとPCメガネも必須ですね。眼精疲労が続いてて人相変わっちゃいました（笑）

●人相が変わるほどの眼精疲労……それは問題ですね。とにかくストレージもマシンパワーも肉体的な疲労も相当に要求される仕事だということはよくわかりました（笑）。

外付けSSD上で作業するためのセッティング

SSD:SanDisk ポータブルSSD………❶
MacBook Proの右側のUSB-Cポートには、SanDiskの外付けSSが2つ接続されている。

SSD:WD ポータブルSSD………❷
USB-Cハブを経由して、こちら側にもWD製のポータブルSSDが接続されている。

HDD:G-Technology G-DRIVE USB………❸
SSDでの作業が終了したデータはこちらのHDDに移動させる。

メディア類………❹
大量のメディアがケースに収納されている。

ヘッドフォン:AKG K361-BT………❺
映像の編集にはヘッドフォンも必須。Bluetoothでも有線接続でも使えるAKGのヘッドフォンを愛用している。

誰かをサポートする仕事もやっていきたい

●最後に、もうひとつ映像について質問したいのですが、西村さんは撮影も監督もするわけなので、映像のアイデアをゼロから考えなければいけない仕事もあるわけですよね？

あります。MVでもファッションブランドの映像でも、クライアントのテーマを元に、一から考える機会はあって、進め方としてはだいたい2パターン以上の企画を出しますね。そうなると返答がだいたい3択になって、1になるか、2になるか、1と2を合わせたものになるか、という感じになるので、方向性の感覚を掴みやすいです。

ただ、自分が監督として仕切れる仕事だけしたいか？といわれるとそうではなくて、2ndカメラとしてとか、アシスタントとして参加している仕事もすごく楽しいんですよ。他人の現場を見られるのは、非常に勉強になります。どの立場にも立てるようになると客観視することができるので。主観も客観も必須だと思っているので、今後もずっとそうしていければいいなあと。

それと「自分の好きな映像を自由に撮りたい！」という欲望はあるんですけど、その気持ちが強いなら、お仕事として発生しなくても好きにやればいいので、お仕事とは別の話で考えています。

自分が望んでいることとしては、可能であれば映像編集の仕事を減らして、撮影とディレクションを仕事の中心にできたら最高です。

Chapter 5

効率化

I M P R O V E

こんな用途に便利!

音声入力で文字を入力する
→ パソコンのキーボードに慣れていない人に便利

音声でアプリを操作する
→ マウスやキーボードに触れず声だけで操作できる

クリック操作も音声でできる
→ デスクトップ上のあらゆるクリック操作も音声でできる

Macの音声コマンドやSiriを完璧に使いこなしてスピードアップ

音声入力でテキストを入力しよう

Macには豊富な音声コントロール機能があり、従来のマウスやキーボードなどのデバイスだけでなく自分の声だけでMacを操作することができる。

たとえば、スマホで育った世代のためかPCキーボードを使った文字入力にいまだ慣れない人は音声入力機能を使おう。Macに話しかけるだけで音声入力ができる。ほかの音声入力アプリよりも高機能で、たとえ誤認識があっても修正せずどんどん話しかければ全体の文脈にあわせて自動修正してくれる。誤認識があった場合は青いアンダーラインで該当場所を教えてくれ、修正候補が表示され、それをクリックすると変換することが可能だ。400字程度であれば、約1分で入力することができる。

音声入力でアプリを操作しよう

Macの各種アプリやシステムを操作する場合は、アクセシビリティ設定画面にある「音声コントロール」を有効にしよう。デスクトップにマイクが表示されるのでいろいろ話しかけてみよう。Pagesを開くには、「Pages を開く」と伝え、書類を新規作成するには「新規書類を作る」と話しかけよう。

ただ、音声コントロールの音声認識精度はいまいちよくない。使い勝手がいまいちな場合は音声入力アシスタントSiriを使おう。メニューバー右端にあるSiriアイコンをクリックして起動するほか、音声コントロールで「Siriを開く」と話しかければSiriが起動するのでMacにしてもらいたいことを話しかけよう。

Macの音声入力を使ってみよう

「音声入力」をクリック
「音声入力を有効にする」をクリック

「システム環境設定」から「キーボード」を開き、「音声入力」タブを開く。音声入力の項目を「オン」に切り替えよう。確認画面が表示されたら「音声入力を有効にする」をクリック。

1

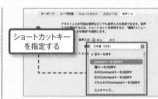

「オン」に切り替える
ショートカットキーを指定する

音声入力を起動するショートカットを設定しよう。テキストエディタやメモアプリ起動中に設定したキーをクリックすると起動する。

2

3

Macに直接話しかける

マイクパネルが現れたらMacに向かって話しかけよう。自動的に文字入力がされていく。多少誤認識があってもそのまま話しかければ文脈に合わせて修正してくれる。

4

クリックして変換する

誤変換が疑われる場所は青色のアンダーラインがひかれ、候補文字を表示してくれる。クリックするとその文字に変換してくれる。

音声コントロールでMacを操作する

1 アクセシビリティで音声コントロールを有効にする

「システム環境設定」から「音声コントロール」を選択して「音声コントロールを有効にする」にチェックを入れる。「コマンド」をクリック。

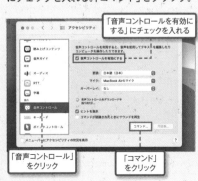

「音声コントロールを有効にする」にチェックを入れる

「音声コントロール」をクリック
「コマンド」をクリック

2 音声コマンドを確認しておこう

コマンド画面が表示される。「基本ナビゲーション」に記載されている名称が標準で利用できるコマンド名だ。話しかける方法を確認しておこう。

「基本ナビゲーション」をチェック

3 音声コマンドを使ってみよう

音声コントロールを有効にするとデスクトップにマイクが表示されるので、コマンドを話しかけてみよう。試しに「メールを開く」と話しかける。

メールを開く
スリープ

「メールを開く」と話しかける

番号オーバーレイとグリッドオーバーレイを使いこなそう

音声コントロールを起動したあとにさらに使いこなしたいのが番号オーバーレイ機能だ。番号オーバーレイを使うと、メニュー、チェックボックス、ボタンなどへのマウスクリック操作を音声コントロールで行えるようになる。番号オーバーレイを表示するには、「番号を表示」と話しかけよう。アプリ上にさまざまな番号が表示されるので、操作したい番号を話しかければクリック操作をしてくれる。

また、グリッドオーバーレイも並行して使いこなそう。音声コントロールではクリック操作ができない部分を操作する場合は、グリッドオーバーレイを利用する。「グリッドを表示」と話しかけると、画面に番号付きのグリッドが表示される。グリッド番号を読み上げて、そのグリッド部分を細分割し、選択範囲を絞り込もう。最後に番号を言ってから「をクリック」と話しかけるとその部分をクリックしてくれる。なお、現在、Big Sur OSやM1 Macモデルで音声コントロールを利用すると不具合が出る場合がある。Catalina以前なら安心だ。

「番号を表示」と話しかける

Safari起動後、Safariツールバーにある各ボタンをクリックしたい場合は、「番号を表示」と話しかける。

1

該当する番号を話しかける

するとSafariのツールバーにあるボタン横に番号が表示されるのでクリック操作したい番号を話しかけよう。

2

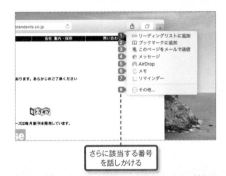

さらに該当する番号を話しかける

該当する番号がクリックされる。さらにメニューがある場合は再び番号が表示されるので、該当する番号を話しかけよう。

3

番号オーバーレイはアプリ画面だけでなく、右クリックメニューやメニューバーでも表示させることができる。

4

「グリッドを表示」と話しかける

クリックしたい箇所に番号が表示されない場合はグリッドオーバーレイを利用しよう。「グリッドを表示」と話しかけるとデスクトップ全体に番号が表示される。

5

「番号をクリック」と話しかける

該当する番号を話しかけるとそのブロックがさらに細かく分割され再び番号が表示される。最後に番号を言ってから「をクリック」と話しかけるとその部分をクリックしてくれる。

6

4 音声コントロールでアプリを起動する

音声入力がうまく行くとメールが起動する。メールを終了する場合は「メールを終了する」と話しかけよう。

5 一時的に音声コントロールをオフにする

一時的に音声コントロールをオフにしたい場合は「スリープ」と話しかけるか、「スリープ」をクリックしよう。音声コントロールを再開するには、「スリープ解除」と話しかけるか、「スリープ解除」をクリックする。

「スリープ」と話しかける

6 Siriを起動する

音声コントロールの入力精度は正直いまいち。うまく行かない場合は「Siriを開く」と話しかけSiriを起動して、Macを操作するのもよいだろう。ヘイシリの代わりとして利用することもできる。

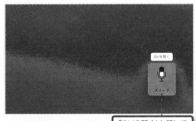

「Siriを開く」と話してSiriを起動する

効率化
IMPROVE

2台のMacを効率よく操作したい
→ 1つのマウスとキーボードで操作できる

デュアルディスプレイのように複数のMacを操作したい
→ Teleportならデュアルディスプレイのような環境が築ける

もう1台のMacのデスクトップ内に表示して操作したい
→ Macの画面共有を使えばアプリなしで簡単に実現できる

2台のMacでキーボード、マウスを共有することができる!

2台のMacがデュアルディスプレイのように使える!

検証用や仕事用、プライベート用などの理由で複数のMacを机の上に置いて利用している場合、キーボードやマウスで机が埋まってしまうことがあり、作業がしづらくなってくる。そんな問題を解決する場合、複数のコンピュータを1組のキーボード、ディスプレイ、マウスから操作するためのCPU切替器を作ればよいが、切替器を置くスペースでさらに机が埋まってしまう。そこで「Teleport」というアプリを利用しよう。

Teleportは複数のMacを1つのキーボードやマウスで操作できるようにしてくれるアプリ。両方のMacにインストールにすることでネットワーク経由で複数のMacを同時に操作できるようになる。

具体的にはデュアルディスプレイとVNCのような遠隔操作アプリを融合させたような環境が構築できる。マウスカーソルを画面端に移動させると、自動的にほかのMacの画面にマウスカーソルが現れ、Macの操作ができるようになる。もちろん、デュアルディスプレイではないので複数のMacを同時に操作している状態だ。Macごとにキーボードやマウスを切り替える必要がなく非常に快適になる上、無料で使えコストもかからない。両方のMacにアプリをインストールしよう。

Teleport
作者／Julien Robert 価格／無料
URL／https://github.com/johndbritt on/teleport/releases/

Teleportのしくみ

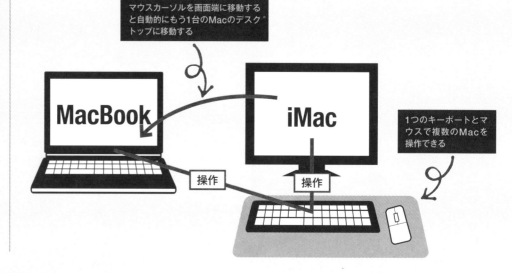

マウスカーソルを画面端に移動すると自動的にもう1台のMacのデスクトップに移動する

MacBook

iMac

操作　操作

1つのキーボードとマウスで複数のMacを操作できる

Teleportを使ってみよう

1 公式サイトからダウンロードする

まずは操作される側のMacにTeleportをインストールする。アプリは公式サイトからブラウザでアクセスしてダウンロードする必要がある。

ZIPファイルをダウンロードする

2 アクセシビリティを有効にする

インストール後、Teleportを起動する。Teleportを利用するには起動後、設定画面の「セキュリティとプライバシー」から「アクセシビリティ」で「teleport」にチェックを付けておく必要がある。

チェックを付ける

「アクセシビリティ」をクリック

3 Macを再起動する

Teleportを起動する。このような画面が表示される。左上の「Share this Mac」にチェックを入れ、Macを再起動させよう。次に操作する側の方のMacにも同じような手順でTeleportをインストールして再起動する。

チェックを付ける

Mac標準機能の画面共有で2台のMacを操作する

Macには標準で離れた場所にある別のMacのデスクトップを表示して操作する画面共有機能が搭載されている。マウスカーソルによる操作や、ファイルやウインドウを開く、移動する、閉じる、アプリケーションを開く、キーボード入力、さらにはMacを再起動するといった操作ができる。

Teleportのようなマルチディスプレイ的な利用はできないが、操作する側のMacが大画面なら、文字や写真が小さく見づらくなるという心配はない。1つの画面で2台のMacを扱えるので左右に首を動かしたり、腕を大きく動かしたりする必要はない。肩こりに悩んでいる人ならMacの画面共有を使ったほうがよいだろう。

なお、事前に「システム環境設定」の「共有」の「画面共有」で、操作される側のMacの名前、ローカルアドレス、ログインパスワードをメモしておこう。共有する際にこれらの情報を入力する必要がある。

「画面共有」をクリック

「画面共有」にチェックを入れる

1 | 2

操作される側のMacのシステム環境設定を開き「共有」から「画面共有」を開く。「画面共有」にチェックを入れる。

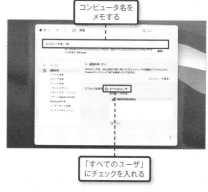

コンピュータ名をメモする

「すべてのユーザ」にチェックを入れる

「コンピュータ名」をメモするか、またはアクセスしやすい名称に変更する。「すべてのユーザ」にチェックを入れておこう。

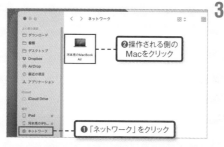

❷操作される側のMacをクリック

❶「ネットワーク」をクリック

3 | 4

画面を共有...

「画面を共有」をクリック

操作する側のMacのFinderを起動してサイドバーから「ネットワーク」をクリック。操作される側のMacが表示されるのでクリック。続いて右上の「画面を共有」をクリック。

マウスカーソルを移動させる

操作される側のMacの名称とログインパスワードを入力すると共有ウインドウが起動してデスクトップが表示される。マウスカーソルをウインドウ内に移動させるとMacを操作したり、キーボード入力ができるようになる。

! ここがポイント

Teleportや画面共有はファイルの転送はできる?

Teleportアプリは2台のMac間でドラッグ&ドロップでファイルを転送することもできる。しかし、現在のところファイルを転送するとファイルが破損する現象がよく見られる。特にサイズの大きなファイルの移動には注意しよう。

なお、Macの画面共有は、ドラッグ&ドロップで直接ファイルのやり取りができない。「コピー」した「クリップボード」のテキストを送受信することはできる。画面共有画面右上にある「クリップボード」で「共有クリップボード」にチェックを入れておこう。

---

4 操作する側のTeleportを起動する

操作する側のMacのTeleportを起動する。すると操作される側のMacが左上の画面に表示される。これをドラッグしてディスプレイの位置を設定しよう。

ドラッグしてディスプレイの位置を設定する

5 マウスカーソルを画面端に移動させる

操作する側のマウスカーソルを手順4で設定したディスプレイの位置に移動させよう。すると操作される側のMacにマウスカーソルが現れ、Macを操作できる。

マウスカーソルを画面端に移動させる

6 キーボード入力やショートカットも利用できる

マウス操作だけでなくキーボード操作も操作している側のMacのキーボードで行える。また、ショートカット設定やクリップボードに保存しているデータも共有できる。

キーボード操作もできる

クリップボードも共有できる

こんな用途に
便利!

効率化 IMPROVE

Webサービスを常に画面に表示させたい
→ 独立したウインドウ化で使い勝手が向上!

狭い画面を効率よく使いたい
→ Webサービスをブラウザ外でスッキリと表示できる

Gmailをもっと効率良く使いたい
→ アプリ化で未読バッジも表示されて標準アプリ風に使える!

なんでもアプリ化できる「Flotato」でアプリ操作を快適化!

ブラウザを使わず Webアプリを スッキリと表示できる

近年ではブラウザから利用できるWebアプリも便利で人気。代表的なものとしては馴染み深い「Gmail」をはじめ、「Google Drive」「Googleドキュメント」など、Googleサービスなどがそれだ。非常に便利で頼りになる反面、ブラウザで特定のURLへアクセスする必要があるため、ブラウザを起動させるひと手間や、ブラウザのインターフェースの分だけ画面が狭くなってしまうといったデメリットもある。また、開きすぎたページに埋もれて、見つけ出せなくなってしまったり、間違えてタブを閉じてしまってやり直し……。といったトラブルの経験もあるはずだ。

こうして便利だが、使い勝手の悪いWebアプリを、ブラウザの画面から独立させたアプリとして変換できるのが「Flotato」だ。「Flotato」を通じてアプリ化したWebサービスは、単体のアプリのように個別のウインドウで開くことが可能。ブラウザの中という成約がなくなるので、非常に使い勝手が良くなる。また、アプリ化したサービスはDockに配置することもでき、アプリによっては未読数などのバッジも点灯。単体のアプリとほぼ同等の使い勝手を得ることできる。

Flotato
作者／flotato.com
価格／無料(Pro版:19ドル)
URL／https://www.flotato.com

スッキリとしたウインドウ表示(画面はYouTube Music)

Dockへの配置もOK

Googleサービスも対応

わずか2クリック。さまざまなWebサービスを「アプリ」化することができる。ウインドウがなくスッキリと使えて、Dockへの格納も可能。まさにアプリとして利用できるので、使い勝手が飛躍的に向上する。

「Flotato」でWebサービスをアプリ化する(Googleカレンダーの場合)

1 | 「GET」ボタンをクリック

「Flotato」を起動したらアプリ化したいサービス(今回はGoogleカレンダー)の「GET」→「OPEN」とクリックする。

「GET」をクリック

Google Calendar OPEN

クリックして起動

2 | Webサービスのアカウントでログイン

Webサービスのアカウントでログインを行なう(この場合はGoogleアカウント)。

3 | Webサービスがアプリ化される

Googleカレンダーがアプリとして表示される。ブラウザで開くよりもスッキリとしたデザインで、「×」ボタンでDockへの格納なども可能。アプリと同じ挙動になる。

リストにないサービスも アプリ化できて さまざまなシーンで活躍

「Flotato」でアプリ化できるWebサービスは起動時に表示されるが、一覧にないアプリも実はアプリとして利用できる。これには、左上の「Make Your own」をクリックして、WebサービスのURLを指定してやればOKだ。また、サービスによっては、モバイル版とデスクトップ版で異なるインターフェースが用意されているものもある。これらも切り替えることができるので、自分の好みのデザイン、もしくはデスクトップのスペースによって切り替えていこう。

他にも便利な機能としては、ウインドウを常に前面にピン留めすることも可能。こちらはSNSアプリ（TwitterやFacebookなど）を画面の端に常時表示しておきたい場合や、オンデマンドビデオサービスを画面端で再生しておきたい場合などに活躍する。ニーズの高まるテレワーク作業をサポートしてくれるはずだ。

リストにないWebサービスをアプリ化する

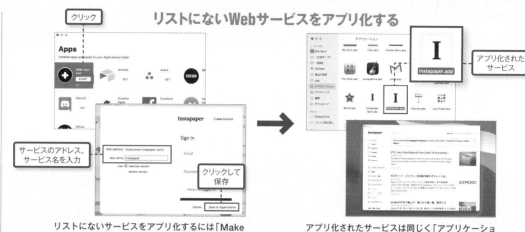

リストにないサービスをアプリ化するには「Make Your own」の「START」をクリック。サービスのアドレス、名前を入力して「Save to Applications」をクリックする。

アプリ化されたサービスは同じく「アプリケーション」フォルダに保存される。クリックして起動しよう。

モバイルビューと デスクトップビューを切り替える

「App」→「Get Mobile Version」からアプリのデザインをモバイル版へ。「Get Desktop Version」からデスクトップ版へとそれぞれ切り替えることができる。

ウインドウを常時前面に ピン留めする

「Window」→「Pin to top」とクリックすると、ウインドウを常時前面にピン留めすることができる。複数のウインドウを開いて作業したい場合に便利だ。

！ここが ポイント

Gmailで大活躍！ ブラウザでは対応しない バッジの表示も対応

Webサービスによっては、Dock格納時に未読通知の数もバッジで表示してくれる。たとえば「Gmail」をアプリ化した場合などがそれだ。「アプリケーション」フォルダからDockにアプリを配置することで、未読メール数がバッジで確認できて非常に便利。機能は標準で有効になっているが、「Flotato」→「Preferences」→「General」→「Show app icon badge counter」のチェックボックスで有効・無効を切り替えられる。

バッジの数で未読メールが一目瞭然。まさにアプリのように利用できる。

---

4 アプリの場所を開く

虫眼鏡ボタンをクリックすることで、アプリ化されたサービスの場所（「アプリケーション」フォルダ）を開くことができる。

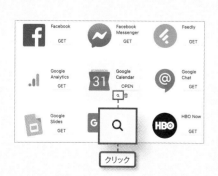

5 Dockにドラッグで登録する

アプリ化されたサービスは、通常のアプリと同じようにドラッグでDockに登録することもできる。

ドラッグでDockに配置できる

同時に起動できるのは 1アプリまで

無料版では同時に起動できるアプリは1アプリまで。2つ目のアプリを起動すると、ブルーバックになり、Pro版へのアップグレードを勧められる。

こんな用途に
便利!

繰り返し作業、複雑な操作の手間を省きたい
→ 標準アプリの各種機能を呼び出して自動実行できる

ウェブページの画像をまとめてダウンロードしたい
→ ワンクリックで画像をダウンロードするワークフローを作成できる

フォルダに入れた写真をまとめてリサイズしたい
→ ワークフローをフォルダに設定して、リサイズを自動化できる

オートメーターの便利さを 今一度おさらいしておこう

繰り返し作業、複雑な操作を自動化しよう

　Macを日常的に仕事で使っていると、繰り返し作業や複雑な操作が避けられない場面も多く、それに時間を取られて、本来やろうと思っていたことができなくなってしまった、という人も多いはず。たくさんのテキストファイルの中身をコピペして1つのファイルにまとめる、写真に連番を付けてリネームするといった作業はそれぞれ、対応するアプリを起動して、その目的に合った機能を実行すれば済むことだが、それを何度も繰り返すのはいかにも非効率だ。こうした非効率を解消してくれるのが、標準アプリの「Automator（オートメーター）」だ。

　オートメーターを使えば、単純作業を自動化できる。これだけだとピンと来ないかもしれないが、たとえば、インターネット上の製品ギャラリーのようなページに掲載されている大量の製品写真をダウンロードしたい場合、1つずつMacに保存するのは手間がかかるが、オートメーターで一連の作業を自動化する「ワークフロー」を作ってしまえば、あとはそのワークフローを実行するだけで、指定したフォルダにすべての製品写真がダウンロードされる。

　オートメーターでは、Safariやプレビュー、ミュージック、Finderといった標準アプリに備わる各種機能や操作が部品（アクション）として用意され、それらをドラッグ＆ドロップで1つのワークフローにまとめることで、一連の操作を自動実行するようになっている。トライ＆エラーでいろいろ試してみよう。

Automator
作者／Apple Inc.
標準アプリ

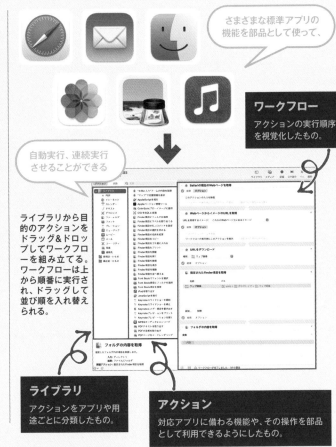

さまざまな標準アプリの機能を部品として使って、

ワークフロー
アクションの実行順序を視覚化したもの。

自動実行、連続実行させることができる

ライブラリから目的のアクションをドラッグ＆ドロップしてワークフローを組み立てる。ワークフローは上から順番に実行され、ドラッグして並び順を入れ替えられる。

ライブラリ
アクションをアプリや用途ごとに分類したもの。

アクション
対応アプリに備わる機能や、その操作を部品として利用できるようにしたもの。

ウェブ画像の一括保存のワークフローを作る

1 オートメーターを起動する

オートメーターを起動すると表示されるダイアログボックスで、「新規書類」をクリックする。

「新規書類」をクリック

2 「ワークフロー」を選択する

続けて、オートメーターで作成するワークフローの種類を選択する。ここでは「ワークフロー」をクリックして選択し、「選択」をクリックする。

❶「ワークフロー」をクリック

❷「選択」をクリック

3 アクションをドラッグ＆ドロップする

ライブラリから「インターネット」をクリックし、「Safariの現在のWebページを取得」というアクションをワークフローにドラッグ＆ドロップする。

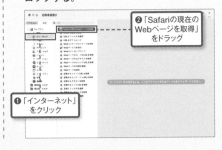

❷「Safariの現在のWebページを取得」をドラッグ

❶「インターネット」をクリック

作成できる
ワークフローの種類は?

オートメーターでは最初に作成するワークフローの種類を選択する。主要なものは、右で解説している「ワークフロー」「アプリケーション」「クイックアクション」「フォルダアクション」の4つで、それぞれ役割や使う場面が異なる。

「ワークフロー」はシンプルに、ワークフローを組み立ててそれを実行するためのもので、オートメーターのアプリ上でのみ実行可能。実行結果を確認しながら、試行錯誤したい場合は、これを選ぼう。「アプリケーション」はワークフローを独立したアプリとして保存するためのもので、それをダブルクリックすると、オートメーターが起動することなく、ワークフローが自動実行される。

「クイックアクション」は、Finderなどでの右クリックメニューに追加できるワークフローだ。また、「フォルダアクション」は、指定したフォルダに対してワークフローによる自動化を割り当てるものになる。

試行錯誤しながら自動化する「ワークフロー」

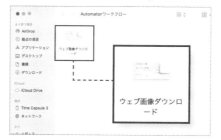

オートメーター上でワークフローを確認しながら、操作の自動化ができる。また、ファイルとしてワークフローを保存することもできるので、後からの変更も簡単。

独立したアプリとして保存できる「アプリケーション」

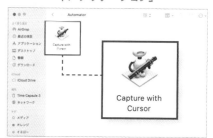

アプリケーションとしてワークフローを保存でき、それをダブルクリックするだけで、ワークフローを実行できる。他のMacでも作業を自動化したい場合などに便利。

1 | 2
3 | 4

右クリックメニューに組み込める「クイックアクション」

ワークフローをファイルやフォルダの右クリックメニューに組み込むことができる。ワークフロー作成後、システム環境設定の「機能拡張」からオンにすることで利用可能。

フォルダにワークフローを組み込む「フォルダアクション」

指定したフォルダにファイルなどを入れると、自動的にワークフローが実行される。ワークフローの先頭に、自動的にフォルダを指定するアクションが挿入される。

! ここが ポイント

標準以外のアプリも自動化できる?

オートメーターでは操作の簡素化のため、ライブラリには標準アプリの機能や操作しか用意されていないが、プログラミングの知識があれば、シェルスクリプトを書くことでChromeやPhotoshopなど、サードパーティアプリの自動化も可能だ。シェルスクリプトをオートメーターで書くには、ライブラリの「ユーティリティ」にある「シェルスクリプトを実行」を使う。

アクションの「シェルスクリプトを実行」を使えば、スクリプトによる他アプリの操作をワークフローに組み込むことができる。

---

4 | 他のアクションも配置する

続けて、「WebページからイメージのURLを取得」と「URLをダウンロード」というアクションを同様に配置する。「URLをダウンロード」では、保存先フォルダも指定する。

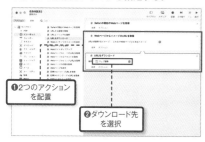

❶2つのアクションを配置

❷ダウンロード先を選択

5 | ワークフローを実行する

Safariで画像を一括ダウンロードするページを表示して、オートメーターの「実行」をクリックする。

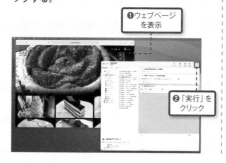

❶ウェブページを表示

❷「実行」をクリック

6 | 画像が一括ダウンロードされる

指定したフォルダにウェブページの画像がダウンロードされる。オートメーターには、実行結果のログが表示される。

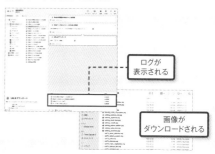

ログが表示される

画像がダウンロードされる

フォルダに入れるだけで、画像ファイルをリサイズするワークフローを作る

フォルダアクションのワークフローを作る

デジタルカメラで撮影した写真を、SNSに投稿したり、メールに添付して送ったりする場合は、事前にリサイズしてファイルサイズをできるだけ小さくしてお

くのが常識だ。リサイズは標準アプリのプレビューでも可能だが、写真を開き、メニューから「サイズを調整」を選択して、サイズを指定し、保存という一連の操作を複数の写真に対して手作業で実行するのは手間と時間

がかかる。大量の写真がある場合はオートメーターでその作業を自動化すれば、大量の写真のリサイズもあっという間に終わる。

さらにそのワークフローをフォルダアクションにすることで、

指定したフォルダに写真を入れるだけでリサイズできるようになる。ここでは、元の写真を残しながら、リサイズした写真を別フォルダにコピーするワークフローを、フォルダアクションとして作成する方法を解説する。

---

1 「フォルダアクション」を選択する

オートメーターを起動したら「新規作成」をクリックすると表示される画面で、「フォルダアクション」をクリックし、「選択」をクリックする。

2 アクションをワークフローに追加する

ライブラリの「ファイルとフォルダ」から「Finder項目をコピー」を、「写真」から「イメージをサイズ調整」を、それぞれワークフローに配置する。

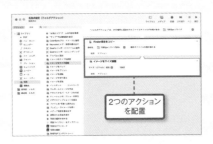

3 対象のフォルダ、写真のサイズを指定する

ワークフローに3つのアクションが並ぶので、上から元写真を入れるフォルダ、リサイズ後の写真が入るフォルダ、任意の写真サイズをそれぞれ指定する。

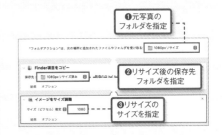

4 ワークフローを保存する

「ファイル」メニューから「保存」をクリックして、続けて表示される画面でワークフローの名前を入力し、「保存」をクリックする。

5 フォルダに写真を入れる

ワークフローのいちばん上のアクションで指定したフォルダに、フォルダアクションが設定される。このフォルダにリサイズしたい写真を入れる。

大きさ: 5472×3648

フォルダアクションが設定されたフォルダに元写真を入れる

6 写真がコピー、リサイズされる

ワークフローの上から2番目のアクションで指定したフォルダに写真がコピーされ、3番目のアクションで指定したサイズにリサイズされる。

大きさ: 1080×720

別フォルダにリサイズされた写真が保存される

ここがポイント

フォルダアクションを解除する

上の手順のように、ワークフローをフォルダアクションとして作成、保存すると、指定したフォルダにそのワークフローによる自動化が設定されるが、この設定は解除することもできる。解除するには、フォルダを右クリックすると表示されるメニューで「フォルダアクションを設定」をクリックすると表示される画面で、ワークフロー名のチェックをオフにすればいい。

オフにする

この画面で上の手順4で付けたワークフロー名のチェックをオフにすれば、フォルダアクションを解除できる。

既存のPDF文書に、メモを書き留める ための余白ページを追加する

ページごとの分割と 他PDFとの結合を オートメーターで

PDFの文書に修正箇所の指摘や追記などをする際に、文書の余白が少なく必要なことを書き込むことができなかった、書き込んだもののゴチャゴチャして見づらくなってしまったという経験をした人は多いのではないだろうか。そんなときは、オートメーターを使って既存のPDF文書に1ページごとにメモ用の余白ページを挿入してみよう。見開きページにしたときに、右側に余白ページがあれば、スペースを気にせず書き込むことができて作業が格段に捗るはずだ。

まずは元になる文書のPDFと、1ページだけの空白のPDFを用意する。空白のPDFはPagesなどで簡単に作成できる。元文書のPDFを、オートメーターのPDF分割のアクションで1ページごとに分割し、分割したページと同じ数だけ空白のPDFを複製してから、今度はPDF結合のアクションを実行しよう。

1 PDFを準備する

元文書のPDFと、1ページの空白のPDFを用意する。ここから、元文書の各ページの右側に空白のページが入ったPDFを作成する。

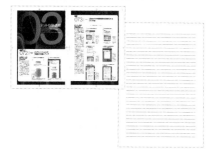

2 ページ分割のワークフローを 作成する

オートメーターで「ワークフロー」を作成し、元文書のPDFをワークフローにドラッグ&ドロップする。続けて、ライブラリから「PDFを分割」のアクションを挿入し、分割後のPDFの保存先フォルダを指定して、「実行」をクリックする。

❶ドラッグ&ドロップ
❷「PDFを分割」を挿入

3 文書がページごとに 分割される

元文書が1ページごとに別々のPDFとなるので、同じフォルダに余白のPDFを元文書のページと同数になるようにコピーする。名前順でソートしたときに「元文書」「余白」の順になるようにファイル名を付ける。

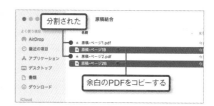

余白のPDFをコピーする

4 ページ結合のワークフローを 作成する

オートメーターで新たな「ワークフロー」を作成し、手順3のフォルダ内のファイルをすべてドラッグ&ドロップする。続けて、「PDFページを結合」アクションを挿入し、「実行」をクリックする。

❸「実行」をクリック
❶ドラッグ&ドロップ
❷「PDFページを結合」を挿入

5 「結果」をクリックする

ワークフローが実行される。ログに「ワークフローが完了しました」と表示されたら、「PDFページを結合」アクションの「結果」をクリックする。

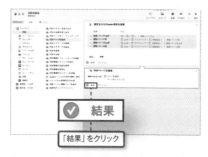

結果
「結果」をクリック

6 PDFが表示される

結合されたPDFが表示される。PDFのアイコンをダブルクリックするとPDFが開き、元文書のページと余白のページが交互に並んでいることを確認できる。

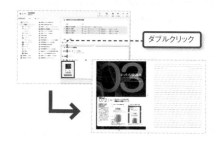

ダブルクリック

！ここが ポイント

結合したPDFは 保存する必要がある

上の手順のように、オートメーターの「PDFページを結合」アクションを使って結合したPDFは、結合直後の時点ではファイルとして保存されていないため、オートメーターを終了するとそのPDFは消えてしまう。オートメーターを終了する前に、上の手順6の画面でPDFのアイコンをダブルクリックしてプレビューアプリで開き、「ファイル」メニューから「保存」をクリックして、ファイルとして保存しておこう。

結合したPDFをプレビューなどのアプリで開いたら、まずは名前を付けて保存する。

こんな用途に便利!

2つのアプリをスムーズに並行利用できる
→ ウインドウの重なりを何度も正す必要がない

アプリを最大限に活用できる
→ 画面の狭いMacBookユーザーで複数のアプリを使うのに便利

作成したSplit Viewは保存できる
→ 何度もSplit View操作をする必要がない

Split Viewを駆使して さまざまな作業を効率化する

Catalinaから Split Viewの起動方法が 変化した

Safariで資料となるサイトを閲覧しながらテキストエディタで原稿執筆したり、SNSのタイムラインを見ながら書類を作成するなどデスクトップ上にある2つのウインドウを比較しながら作業したい場合は、Split Viewを活用しよう。

Split Viewはデスクトップに2つのアプリを並べて表示できる機能。有効にするとMac画面を分割して2つのアプリをフルスクリーン表示できる。ウインドウを手動で動かしてサイズを変えたり、最前面に引き出したりする手間が省ける。また、狭いデスクトップのMacBookにおいて2つのウインドウを最大限に表示して作業するには欠かせない機能だ。

なお、Split Viewで開いた2

つのアプリはMission Controlに保存して、ほかのアプリやデスクトップに切り替えることができる。ほかのアプリを使いたくなったときに解除する必要がない点も便利だ。

以前のOSではウインドウ左上隅にある緑のフルスクリーンボタンを長押しすると起動できたが、前macOS CatalinaからSplit Viewの起動方法が少し変化している。緑のフルスクリーンボタンにポインタを置くと表示されるメニューから「ウインドウを画面左側にタイル表示」または「ウインドウを画面右側にタイル表示」を選択しよう。起動後の操作方法は以前と同じだ。

Split Viewを使うには、OS X El Capitan以降である必要がある。以下に紹介する手順は、macOSによってやや異なる。Catalina以前のOSの場合は緑のフルスクリーンボタンを長押しすることで起動できる。

作業を効率化できるSplit Viewを使ってみよう

1 フルスクリーン表示ボタン の上にポインタを置く

緑のフルスクリーン表示ボタンの上にポインタを置く(長押ししない)と表示されるメニューから「ウインドウを画面左側にタイル表示」または「ウインドウを画面右側にタイル表示」を選択しよう。

緑のボタンにポインタを置く

「ウインドウを画面○側にタイル表示」を選択する

2 もう片方に表示する アプリをクリックする

Macの画面が分割され指定した方向にアプリがフルスクリーン表示される。もう片方の画面に表示するアプリをデスクトップ上に開いているアプリから選択しよう。

もう片方に表示するアプリをクリック

3 分割線を移動して 画面比率を調整する

2つのアプリがフルスクリーンで表示される。分割線中央にあるつまみをドラッグすることで表示比率を調整することができる。ツールバーを左右にドラッグでアプリの位置を変更する。

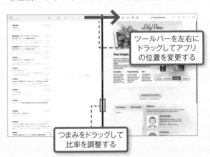

ツールバーを左右にドラッグしてアプリの位置を変更する

つまみをドラッグして比率を調整する

マルチタスキングが楽になるSplit Viewのテクニック

Split Viewを使えばウインドウが重ならないため、片方のウインドウの内容が隠れて見えなくなることがない。作業スペースの狭いMacBookでは欠かせない機能だがこのメリットを活かしたSplit Viewの使い方を紹介しよう。

画像やウェブ上にあるコピペ不可能なテキスト内容を手動でメモやテキストに写す作業をするときに利用するのが代表的な使い方だろう。ウインドウが重なることなく両方のアプリをフルスクリーン状態にしたままスムーズに作業ができる。kindleなど電子書籍の内容を写すときにも便利だろう。

また、電子書籍やPDFなど参考となる資料を片方のパネルで開きながら、原稿作成やブログ作成など制作作業をする際にも便利だ。

ほかには、スケッチ対象写真を片方のパネルで開き、もう片方のパネルでグラフィックアプリを開きイメージを模写する際にも便利だ。

Safari＋テキストエディタ

最も基本的なアプリの組み合わせの1つはSafariとテキストエディタだろう。ウェブページの資料を見ながら原稿を作成したり、コピー＆ペーストできないページからテキストを写すときに役立つ。

SNS＋ほかのアプリ

SNSのタイムラインを閲覧しながら作業したい場合は、SafariでSNSの画面を開く。タイムラインをチェックする程度なら分割線を移動してSNS側のスペースを狭くしたほうが作業がしやすくなるだろう。

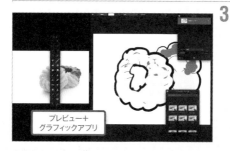

プレビュー＋グラフィックアプリ

グラフィックアプリを使う際にもSplit Viewは便利。スケッチ対象の写真をプレビューアプリで開き片方のパネルで開き、もう片方のアプリでグラフィックアプリを開こう。なお、グラフィックアプリではSplit Viewに未対応のものもある。

マップ＋Safari

ある地域の店舗やスポット情報を探す際はマップアプリとSafariを並列させて調べるのがおすすめ。マップでスポット名や簡単な口コミを調べつつSafariで公式サイトをチェックしよう。

！ここがポイント

Mission Controlとスワイプ操作をうまく使いこなす

緑のフルスクリーンボタンメニューのほかに、Mission Control画面からもSplit View化させることもできる。方法はまずSplit View化するアプリをフルスクリーン表示させ、Mission Controlを起動する。もう1つのSplit View化するアプリをフルスクリーン表示させているアプリにドラッグ＆ドロップしよう。

Split View化するアプリをドラッグする

同時に使いたいアプリを上にドラッグすればOK。

---

4 Mission Controlでアプリを切り替える

Split Viewを解除しないままほかのアプリを利用したい場合は、Mission Controlを起動する。上部スペースにSplit Viewが表示されるのでほかのデスクトップに切り替えよう。

Split Viewが保存される

5 左右スワイプでSplit Viewに切り替える

Mission Controlに保存したSplit Viewに切り替えるときは、Mission Controlを起動するより4本指でトラックパッドを左右スワイプしたほうがスムーズ。

4本指で左右にスワイプ

6 Split Viewを解除する

Split Viewを解除するには、マウスカーソルを左上に移動する。上からメニューバーが表示されるのでフルスクリーン表示ボタンをクリックしよう。

緑のボタンをクリック

効率化
IMPROVE

こんな用途に便利!

→ **途切れないので同じテンションを維持できる**
曲間がないサービスを選べば気分が変わらないので集中力を維持できる

→ **ボーカルがないので音に気をとられない**
インストゥルメンタルの音の方が作業用には適している

→ **皆が同じように作業している……と思える安心感**
「Lo-fi Hip Hop」ならば、皆が作業している……という安心感を得られる。

集中力を維持するために
作業用音楽を真剣に考える

**ほどよく薄い
印象の弱い音楽なら
延々と流し続けられる!**

仕事中にイヤフォンやヘッドフォンで音楽を聴いている人は多い。その際に「何を聴くか?」は結構な問題である。さほど集中力が必要ない作業や、楽しみのためのネットサーフィンなどなら何を聴いても問題ないが、それなりに集中力を要する仕事や、時間のない場合の仕事の際は何を聴くかでパフォーマンスが変わってきてしまう。

流す音を決めるポイントはいくつかあると思うが、重要なのは2つで、①ボーカルのない音楽……であるということ。ボーカルが入っているとやはり曲の方に気をとられてしまう。インストゥルメンタルの方がよい。次のポイントは、②音楽が途切れない……これも重要である。DJのミックスのようにまった

く途切れず、少しずつ曲が変わっていくものが最もベストとは思うが、それを条件にすると非常に限定されるのが難点だ。

以上の意味で現在おすすめなのは、「Lo-fi Hip Hop」である。

Spotifyでは2018年に急成長したジャンルで2位となり、話題を集めている。ヨレた感じの薄いビートが延々と途切れず流され続けるもので、YouTubeで「Lo-fi Hip Hop」と検索すれ

ば、リアルタイムで何万人もの人が視聴中のチャンネルがすぐに発見できるだろう。

ChilledCow（YouTubeチャンネル）
Webサービス
URL／https://www.youtube.com/watch?v=hH
W1oY26kxQ

長時間の作業でも集中力が維持できる「Lo-fi Hip Hop」

「Lo-fi Hip Hop」で検索すれば同じようなチャンネルがたくさん発見できる。

延々と外国語中心のユーザーのコメントが流れるので、休憩代わりに目を通し、「ああ、みんな仕事してるんだな〜!」と思いを馳せるのも悪くない。

ジブリの映像のワンシーンがリピートされる中、コード感の薄い、淡々としたビート、リズムが延々と流される……まあ、それだけのものであるが、作業の際のテンションを保つには最適。Safariのタブに常時残しておき、集中力が必要になったときに再生を開始!という感じで使うのがいいだろう。

問題点としてはYouTubeなので、メモリ負担が高い作業をしているときは、使いにくいということ。

そのほかのオススメ作業用音楽

1 Sanpo Disco（Soundcloud）
https://soundcloud.com/sanpodisco

「Sanpo Disco」はオーストラリアのアーティストで、Soundcloud内にだいたい1時間以上のアンビエントなミックスがたくさん置かれている。更新頻度は高くないがファイルは多い。

再生時間が長めのファイルを選ぼう

2 BoilerRoom（YouTube）
https://boilerroom.tv

DJプレイを丸々楽しめる有名なサイト。実際のDJプレイなのでまったく曲は途切れず延々とハイテンションなダンスミュージックがキープされる。気分を上げたいときに最適!

問題は動画なので重めなこと
（以前は音だけの再生もできたが現在はできない）

3 RAINY MOOD
https://rainymood.com

延々と雨の音だけが流されるサイト。雨の音のメリットはとにかく落ち着くことで、仕事をしたくなくなる多くの欲望からシャットアウトしてくれる。

クリックして
再生／停止

Chapter 6

管理

M A N A G E M E N T

管理
MANAGEMENT

こんな用途に便利!

複数のタスクを見やすく管理したい
→ チャート式でタスクの繋がりが一目瞭然

複数のタスクを同時に進行したい
→ タスクの繋がり(リンク)が可視化されるので、タスク忘れなどのミスを無くせる

思考を整理しながらタスクを管理したい
→ タスクの洗い出しと、タスクの連携の2ステップで、思考整理が捗る

思考を整理しつつタスク管理できる グラフィカルなタスクツール「TaskHeat」

やるべきことをフローチャートで整理してみよう!

　やるべきタスクをToDoリストでしっかり管理。ビジネスシーンでは、こうしたタスク管理も必要だ。しかし多くの場合、複数のタスクが入り交じる状態で、それぞれのタスクの進行もまちまちで、どれから手を付けていいのか、直感的とはいえない。そこで、タスク管理から一歩進んだ「タスク整理」へと手を伸ばしてみよう。「TaskHeat」は、タスクをフローチャートで管理できるグラフィカルなタスクツールだ。

　多くのタスクツールが、タスクをリスト形式で列挙していくスタイルだが、この「TaskHeat」では、タスクと関連するタスクとをドラッグでリンクさせることができる。すると、フローチャートのようにタスク同士が繋がり、やるべきタスクをグラフィカルに確認することができる。1つのタスクからやるべき順にリンクさせてもいいし、同時進行のタスクがある場合は横に繋げてもいい。リンクさせることで、自動的に最適なチャートへとデザインが変わり、タスクの全体像や進行度を効率よく可視化することができる。関連タスクを繋ぐという作業もマインドの整理に役立つので、1日の始まりを「TaskHeat」でのタスクの洗い出しと、関連タスクのリンクからスタートしてみよう。驚くほど思考がクリアになるはずだ。

TaskHeat
作者／Eyen
価格／1,220円(14日間の試用あり)
カテゴリ／仕事効率化

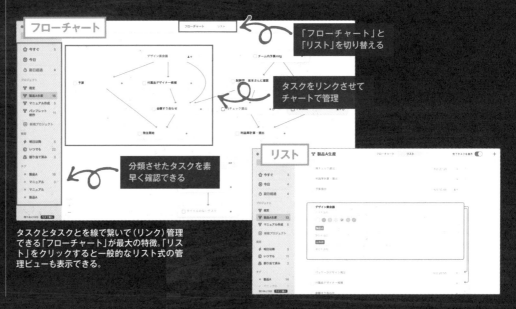

「フローチャート」と「リスト」を切り替える

タスクをリンクさせてチャートで管理

分類させたタスクを素早く確認できる

タスクとタスクとを線で繋いで(リンク)管理できる「フローチャート」が最大の特徴。「リスト」をクリックすると一般的なリスト式の管理ビューも表示できる。

「TaskHeat」でチャート形式のタスクを作成・管理する

1 プロジェクトを作成する

まずは「プロジェクト」項目にある「新規プロジェクト」をクリック。プロジェクト名を入力する。

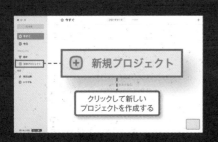

クリックして新しいプロジェクトを作成する

2 「+」ボタンをクリックする

タスクを追加したいプロジェクトを開き、画面右上の「+」ボタンをクリックしてプロジェクトの中にタスクを追加していこう。

クリック

3 タスクを作成する

タスクが新規作成される。タスク名、カラー、タグ、期日、担当者、場所などを入力しよう。

タグを着けておくと管理が楽になる

期日や担当者も設定できる

タグでのタスク管理や
期日での通知
他アプリへの共有も

　プロジェクトごとにタスクを作ってチャート管理できるが、平行するタスクを効率よく整理するには、タグ付けも活用していこう。タグはタスク作成時に付与できる他、タスク作成後も画面左のタグ欄にドラッグすることで、手軽に付与できる。タグをクリックすれば、該当するタグだけが表示されるので、プロジェクトをまたぐ案件でも、タグから素早く見つけることができる。同じく期日が決まっているタスクは通知も受けることができるので、こちらも活用していこう。

　他アプリへの共有機能も備わっていて、「メッセージ」でタスクを他のユーザーに送信したり、「メモ」に出力することもできる。ただし、クラウドを使った共有や他ユーザーへの通知などには対応していないのがネック。どちらかというとグループワークよりも、個人のタスク管理に強いアプリだといえる。

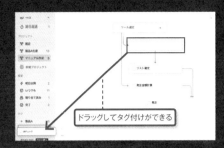

ドラッグしてタグ付けができる

タグ

タスク作成時にタグをつけなくても、作成したタグにドラッグすることで、素早くタグ付けすることができる。1つのタスクに複数のタグをつけることも可能だ。

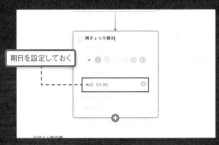

期日を設定しておく

タスクに期日を設定しておくと、指定した通知タイミングに従って（標準では30分前）通知が届き、見落としも防げる。通知の設定はメニューバーの「TaskHeat」→「環境設定」から変更できる。

1 2
3 4

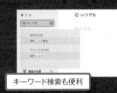

タグを選択。該当するタスクだけが表示される

キーワード検索も便利

タスクにはタグをつけておくと、「タグ」欄から即座に該当タスクを見つけられて検索性が良い。また、キーワード検索も可能なので、散らばったタスクを見つけ出す際に利用しよう。

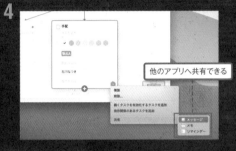

他のアプリへ共有できる

タスクは右下の設定ボタンから「共有」を選ぶことで、他のアプリへ共有できる。連絡先に登録されている相手に限定されるが、担当者へメッセージを送ることも可能だ。

！ここが ポイント

プリントアウトや PDF形式での 出力にも対応

　作成したフローチャートやリストは、「ファイル」→「プリント」からプリンターで印刷することができる。紙にプリントアウトしてホワイトボードに貼ったり、工程確認のためにグループに配布するといった活用も可能だ。なお、予定を共有したり別のMacに送りたい場合は、「エクスポート先」からCSV形式で書き出そう。「読み込み」で書き出したCSVを読み込めば作成したチャートを復元できる。

チャートを印刷して配布したりもOK。掲示しておけば全体の進行を確認できる。

---

4 関連するタスクを追加する

作成したタスクを有効化するタスク、もしくはタスク終了後に始まるタスクなど、依存関係のあるタスクを追加していこう。

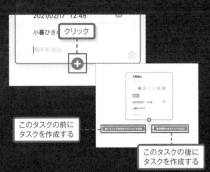

クリック

このタスクの前にタスクを作成する

このタスクの後にタスクを作成する

5 チャート式にタスクを作っていく

タスクから派生するタスクや、同時進行するタスクなどを加えていくとタスクのチャートが完成していく。

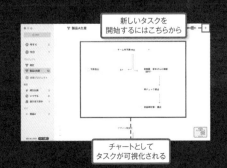

新しいタスクを開始するにはこちらから

チャートとしてタスクが可視化される

14日間の試用期間が用意されている

トライアルを開始

「Taskheat」は1,220円の有料アプリだが、14日間の無料トライアルも用意されている。サンプルもあるが、タスクを追加して試してみるにはトライアルが必要となる。

タスクの洗い出しから関連性を繋げていくタスク整理術

オーソドックスなタスク作成・管理手順は、116ページからの手順で紹介している「フローチャート」画面でタスクを作成していく方法。この方法も便利だが、もうひとつ便利な使い方がある。それが、「リスト」と「フローチャート」の併用だ。

リストは一度に多くのタスクを登録するのに適したインターフェースになっているので、まずはその日やるべきタスクを洗い出して、ひととおり登録してしまおう。タスクがすべて登録できたら、今度はフローチャートへと画面を切り替えて関連するタスクを繋げていく。つまり、タスクを素早く登録し、関連タスクをまとめていくという2段階方式となる。散らばったタスクをまとめて（繋げて）いくことで、思考の整理と、効率の良いタスク管理・進行が狙えるので、ぜひこちらも試してみてほしい。

関連性のあるタスクを繋げてチャート化する

まずは「リスト」表示でやらなければならないタスクを洗い出していく。順序は関係なく、羅列していけばOK。

「リスト」表示推奨 ／ タスクを一通り洗い出していく

「フローチャート」に切り替え、タスク名の右にある「○」をドラッグ。関連するタスクを繋いでいこう。

「フローチャート」に切り替える ／ ドラッグして繋げる

1 2
3 4

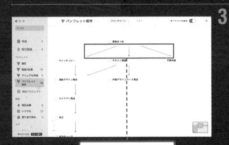

ドラッグして結んだタスク同士が繋がり（リンク）、関連性がわかりやすくなる。1つのタスクから複数のタスクへ繋げることもでき、リンクの構造に応じてチャートが変化する。

同時進行する場合は、複数のタスクへ繋げればいい

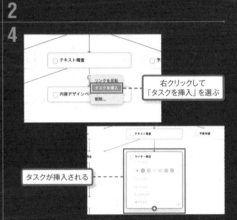

タスクの間にタスクを追加するには、矢印を右クリックして「タスクを挿入」を選ぶ。タスク間に新たにタスクを挿入できる。

右クリックして「タスクを挿入」を選ぶ ／ タスクが挿入される

！ ここがポイント

追加されたタスクに合わせてグラフィカルに姿を変える

タスクの繋がり（リンク）が変わると、チャートは常に見やすいスタイルへと変化する。1つのタスクから複数のリンクが伸びる複雑な工程も直感的に把握できる。タスク整理のしやすさは抜群だ。

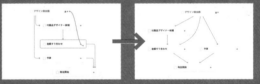

タスク間の繋がりに応じて、最適な形へとチャートを調整してくれる。

作成したタスクを完了させる

1 チェックを入れてタスクを完了

作成したタスクが完了したら、チェックボックスにチェックを入れる。こうして完了したタスクは、「完了」に分類される。

チェックを入れる ／ 「完了」に分類される

2 依存関係のあるタスクもまとめて完了する

依存関係のあるタスクにチェックを入れると、上位のタスクも完了としてマークできる。

チェックを入れると上位タスクも完了にできる

3 完了したタスクを非表示にして整理する

「完了タスクを表示」をオフにすると、完了したタスクが消え、残ったチャートだけが整理されて見やすくなる。

チャートを整理したい時にオフへ ／ 完了したタスク

こんな用途に便利!

複数のタスクを見やすく管理したい
→ フォルダやタスクリストを使って階層管理可能

他のユーザーとタスクを共有して進行したい
→ 共有機能で複数のユーザーとタスクを管理、メッセージでやり取りできる

メモを含めタスクをトータルで管理したい
→ テキスト表示でのフォント装飾に対応。自分の見やすいスタイルでタスク管理できる

精密なタスク管理ツール「TickTick」でタスクを完璧に管理する

大量タスクも管理しやすいエディタ風タスクツール

前のページで紹介した「TaskHeat」も優秀だが、複数のタスクを階層管理したいなら「TickTick」がおすすめだ。「フォルダ」—「タスクリスト」—「タスク」—「サブタスク」といったように、フォルダ構造のようにタスクを管理できる。もちろん、フォルダの中に複数のタスクリストを追加できるため、プロジェクト単位、グループ単位で異なるタスクを進行するのに使い勝手がいい。他のユーザーとのタスクリストの共有も可能で、プロジェクト進行管理などにも採用しやすい。

他のタスク管理アプリにはない特徴として、タスクをチェック表示とテキスト表示で切り替えられる点もユニークだ。テキスト表示ではフォントの装飾も可能で、メモ風にタスクを追加・管理できる。

無料版ではかなり機能が制限されているものの、2ユーザーでのタスク共有も可能で、チャットもやり取りできる。グループワークにも即活躍するレベルだ。プレミアム版へ登録すれば、ファイルのやり取りやカレンダー機能、タスクの期間設定など、かゆいところにさらに手が届くようになるので、自分の用途やタスク管理の規模に合わせて選んでみよう。

TickTick
作者／Appest Limited
価格／無料(プレミアム版350円/月〜)
カテゴリ／仕事効率化

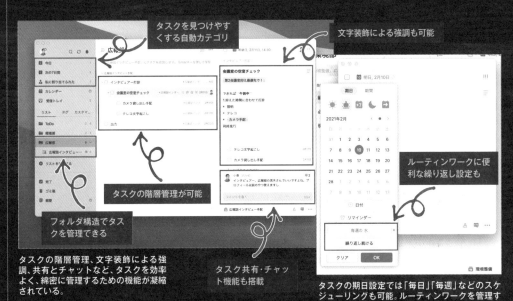

タスクを見つけやすくする自動カテゴリ

文字装飾による強調も可能

タスクの階層管理が可能

フォルダ構造でタスクを管理できる

ルーティンワークに便利な繰り返し設定も

タスクの階層管理、文字装飾による強調、共有とチャットなど、タスクを効率よく、綿密に管理するための機能が凝縮されている。

タスク共有・チャット機能も搭載

タスクの期日設定では「毎日」「毎週」などのスケジューリングも可能。ルーティンワークを管理するのにも便利だ。

「TickTick」にタスクを追加して編集する

1 「リストを追加する」からリストを作成

「リストを追加する」からタスクのリストやフォルダを作成する。作成したリストにタスクを追加するには、画面上部の入力欄から。

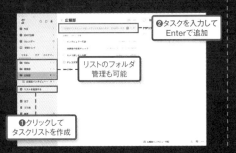

②タスクを入力してEnterで追加

リストのフォルダ管理も可能

❶クリックしてタスクリストを作成

2 共有メンバーを追加してタスクを割り振る

タスクリストを右クリックして「共有」からタスクを共有できる(無料版では2人まで)。タスクごとに担当者を割り振ったり、メッセージでのやり取りも可能。

共有者とチャットも可能

3 タスクに文字装飾もできる!

追加したタスクはチェック表示とテキスト表示を切り替えられる。テキスト表示では「A」ボタンから文字装飾も可能。メモ風にタスクを管理できる。

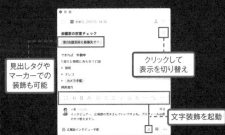

見出しタグやマーカーでの装飾も可能

クリックして表示を切り替え

文字装飾を起動

こんな用途に便利!

高度な自動振り分け機能
→ 新着メールの内容を解析して自動的に「重要」や「サービス通知」などジャンルごとに振り分けてくれる

素早くメールのチェックや検索ができる
→ クラウドサービスではなくMacアプリなので素早くメールにアクセスして処理ができる

Sparkならではのオリジナル機能
→ リマインダーや共有リンク機能などほかのメールアプリにはない機能を多数搭載

デスクトップで効率よくメール処理をするならSparkを使おう

高度な振り分け機能と直感的で使いやすいインタフェース

Macにはデスクトップ用アプリとして標準で「メール」アプリが用意されているが、少し動作が重く使いづらい。動作が軽く送受信も速いメールクライアントを使おう。

「Spark」は高機能なメールクライアント。Appleの「App Storeのベストアプリ」にも選ばれており、シンプルながら機能が豊富なのが特徴だ。特に評価されているのがSpark独自の「スマートインボックス」だ。知らない人のメールや自動送信メールは通知せず、重要なメールのみ通知してくれる。また、メール内容に応じて「連絡先」「サービス通知」「メールマガジン」に振り分けてくれる。メールが重要なものなのか、ただの宣伝なのか一目で分かる仕組みだ。そのほ

かのメールは日付が新しい順に上からまとめて一覧表示されるので、重要なメールが振り分けられず、見逃してしまった場合でもすぐに探し出すことができる。

また、インタフェースやメニューアイコンがGmailと似ており、初めてでも直感的にさまざまなメール操作が行えるだろう。アーカイブやスヌーズ、ピン留め、フォルダ移動など一度はどこか

で見たことのあるメニューばかりなので戸惑うことはない。

Spark
作者／Readdle Inc.
価格／無料
カテゴリ／仕事効率化

Sparkのインタフェース

検索ボックス

受信トレイ。追加したGmailのラベルやほかのメールサービスの受信フォルダを表示できる

受信トレイで選択したトレイ内にあるメールが一覧表示される

メール本文が表示される

Sparkにメールアカウントを登録しよう

1 メールアカウントを登録する

メニューの「Spark」から「アカウントを追加」を選択する。利用しているメールサービスを選択してアカウント情報を入力しよう。

利用しているメールサービスのアカウントを登録する

2 重要なメールのみ通知するようにする

アカウント登録後、メニューの「Spark」→「環境設定」→「アカウント」へ進む。登録したアカウントを選択して「スマート」にチェックを入れる。これで重要なメールのみ通知してくれる。

「スマート」にチェックを入れる

3 メールを受信する

登録したメールアカウントでメールが送受信できるようになる。Gmailの場合作成したラベル構造がそのまま反映される。「受信トレイ」をクリックするとスマート受信ボックスが表示される。

❶「受信トレイ」をクリックするとスマート受信ボックスを表示できる

❷Gmailのラベル構造が反映される

スマートインボックスで
メールを効率的に処理しよう

サイドメニュー一番上にある「受信トレイ」をクリックするとスマートインボックスに切り替わる。ここでは、連絡先に登録している重要ユーザーからのメールを一番上に表示し、大切なメールを見逃さないようにできる。逆にメールマガジンやサービスサイトからの通知など、それほど重要ではないメールは中央から下にある「通知」や「メールマガジン」に表示される。こうした構成のため重要なメールが、通知メールやメルマガに埋もれる心配はなくなる。

なお、複数のメールアカウントを登録している場合は、アカウントごとにカテゴリ分類してくれるので、どのアカウントで受信したメールかもひと目でわかる。

Gmailを利用している場合は、Gmailで作成したラベル名ごとにメールを分類することもできる。Gmailのラベル分類に慣れている人はラベル表示を有効にして、スマートインボックスとうまく併用すれば、さらに使いやすくなるだろう。

「受信トレイ」をクリック

メールを開くと「既読」へ自動的に移動する

スマートインボックスを利用するには、「受信トレイ」を選択し、「スマート」タブを開く。表示されるメールを開くと自動的に「既読」へ移動する。

自動分類のカテゴリを変更する

分類先のカテゴリが間違っている場合は、メールを開き右上のメニューから該当のカテゴリにチェックを入れよう。以後、メールが届くと変更したカテゴリに分類される。

**1 2
3 4**

ラベルが追加される

「その他」から「アカウント」を選択する

Gmailアカウントを登録している場合、ラベルを表示するには、「その他」からアカウント名を選択すればよい。ラベルが追加される。

「クラシック」をクリック

カテゴリ分類をやめて新着メール順に上から表示させたい場合は、「クラシック」タブに切り替えよう。

！ ここが ポイント

MacBookユーザーなら
スワイプでメール処理を
行おう

MacBookユーザーならSparkを使いこなすのに覚えておきたいのがトラックパッドを使ったスワイプ操作だ。Sparkではメールタイトル上で二本指でゆっくりスワイプすることでさまざまな処理が行える。標準では「左から浅く」「左から深く」「右から浅く」「右から深く」の4つのスワイプ操作が用意されている。スワイプ時のコマンドは自分でカスタマイズすることもできる。

左右にスワイプする

---

4 手動でサーバを指定して
メールアカウントを追加する

会社やプロバイダのアカウントなどサーバを自分で指定する場合は、メニューの「Spark」から「アカウントを追加」を選択した後、メニューから「アカウントを手動設定」をクリック。

「アカウントを手動設定」をクリック

5 IMAP/SMTPサーバの
設定を行う

IMAP/SMTPサーバ設定画面が表示される。メールアドレスとログインパスワードを入力。「その他の設定」をクリックし、続いて展開される画面でIMAPとSMTPサーバ情報を入力しよう。

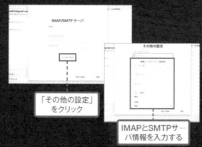

「その他の設定」をクリック

IMAPとSMTPサーバ情報を入力する

6 追加したアカウントを
管理する

追加した各アカウントはメニューの「Spark」から「環境設定」→「アカウント」で管理できる。アカウントごとにスマート受信ボックスを利用するか設定できる。

「アカウント」をクリック

クリックするだけで すぐに返信できる クイック返信を使おう

Sparkはメールの送受信について も独特な機能を搭載してい る。ワンクリックで「いいね」や 「ありがとう」など、あらかじめ 設定されている一言返信メール を送信できる「クイック返信」 を使ってみよう。他のメールア プリのように、返信画面に切り 替えて、テキストを入力して、 送信ボタンをクリックといった 面倒な手順を省略することがで きる。特に返信文を書くような こともないが、メールを受け取 ったことを相手に伝えたいとき に便利だ。

自分でクイック返信用のメッ セージを作成することもでき る。環境設定画面のクイック返 信画面で好きなメッセージを追 加しよう。メッセージにはテキ ストだけでなく、ハートやスマ イルなどアイコンを設定するこ とも可能だ。なお、作成したメッ セージを頻繁に使うなら、設 定画面で並び順を変更して使い やすくしよう。

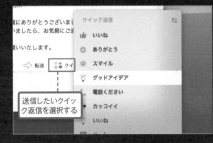

送信したいクイック返信を選択する

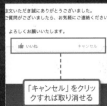

「キャンセル」をクリックすれば取り消せる

返信したいメールを開いたら、メッセージ本文下にある「クイック返信」をクリック。利用できるクイック返信が一覧表示される。クリックするとすぐに送信される。

❶「一般」を選択する
❷「クイック返信」を開く
❸「＋」をクリック

自分でクイック返信を作成するには、メニューの「Spark」から「環境設定」をクリックして「一般」から「クイック返信」を選択して、「＋」をクリックする。

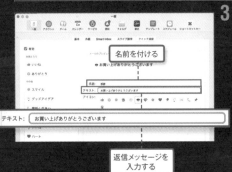

名前を付ける
テキスト: お買い上げありがとうございます
返信メッセージを入力する

作成画面が表示される。名前を「名前」に、返信用のメッセージを「テキスト」に入力しよう。「アイコン」からアイコンを追加することもできる。

作成したクイック返信が追加される。ドラッグして「お気に入り」に移動させよう。クイック返信画面から素早くアクセスして利用できる。

---

1 2 3 4

！ここが ポイント

添付ファイルや 送信者を指定して メール検索ができる

Sparkでは送信者名や日付や添付ファイルの種類などを指定してメールを検索できる。このとき、Mac標準の「メール」アプリやGmailと異なり、「from」や「to」などの検索演算子を自分で入力する必要がないのが非常に便利。検索フォームをクリックすると表示される検索条件を指定した後、キーワードを入力するだけでよい。なお、Gmailや「メール」アプリで利用できる検索演算子のいくつかはSparkでも入力して利用することもできる。

検索条件を指定してからキーワードを入力する

■ 受信したメールをほかのアプリと共有する

Sparkはほかのアプリやサービスとの 連携性が高く、受信したメールやメール 内容をさまざまなアプリにエクスポート できる。たとえば、重要なメールはMac 標準の「リマインダー」アプリと連携し ておけば、指定した時刻に通知できる。 ほかにも受信したメールをEvernote、 One Noteなどに簡単に保存することが 可能だ。

1 アプリと連携するための 設定を行なう

メニューの「Spark」から「環境設定」をクリックして「サービス」を選択する。連携するアプリをクリックして、各アプリのアカウント情報を入力しよう。

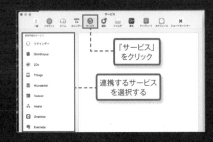

「サービス」をクリック
連携するサービスを選択する

2 メールをエクスポートする

メール右上にある「…」をクリックすると連携したアプリやサービス名が表示されるのでクリックしよう。

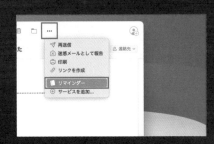

スケジュールが記載された重要なメールはカレンダーとスヌーズを使う

メールの中には忘れてはいけない会議や会食などの日程などが記載されたものがたくさんある。このようなメールを管理するためのスケジュール管理機能が豊富なのもSparkの特徴だ。

Sparkにはスヌーズ機能が搭載されており、指定した日時に指定したメールを知らせることができる。スヌーズ設定したメールはいったん受信トレイから外れ、指定した時刻になると受信トレイに表示され、また同期しているすべてのデバイスで通知してくれる。通知時刻も設定できる。

また、サイドバーにある「カレンダー」をクリックすると登録しているGmailアカウントのGoogleカレンダーを表示して、スケジュールを確認することができる。Googleカレンダーに登録したイベントも通知してくれる。また、Spark上から直接スケジュールを入力、編集することも可能だ。

受信トレイに表示する日時を指定して「スヌーズ」をクリック

メールのツールボタンからスヌーズをクリックする。日時を指定する場合は「日時を選択」をクリックして、受信トレイに表示したい日時を指定しよう。

「その他」から「スヌーズ」を選択する

スヌーズに登録すると受信トレイから「スヌーズ」トレイに移動する。指定日時が来ると受信トレイに再表示される。

1 2
3 4

❶「カレンダー」をクリック　❷クリックして表示するカレンダーを選択する

サイドバーにある「カレンダー」をクリックすると登録しているサービスのカレンダーが表示される。Googleカレンダーの場合、右上のカレンダーアイコンから表示するカレンダーを選択することができる。

クリックして予定を作成する　日付をクリックして予定を作成する

カレンダーに予定を追加することもできる。左上の追加ボタンか、追加したい日付をクリックしよう。イベント作成画面が表示されるのでイベント内容を入力しよう。

！ここがポイント

送信後に返信がない場合に通知させるリマインダー機能

「リマインダー」は、メール送信後、指定した期間内に返信がない場合に通知してくれる便利な機能だ。必ず返信してほしいメールや、複数の人に飲み会の出欠確認を問うようなメールを一斉送信するときに利用すると便利だ。メール作成画面下にあるリマインダーボタンをクリックして、通知日時を指定しよう。

クリックして通知日時を指定する

メール内容を共有リンクを作成して外部に公開する

Sparkはクラウドストレージではおなじみの共有リンク機能を搭載しており、指定したメールスレッドの共有リンクを作成して、外部に公開することができる。共有リンクを作成するとクリップボードにURLが自動的にコピーされるので、メッセージアプリなどに貼り付けて相手にURLを教えよう。

1 共有リンクボタンをクリックする

メール共有はスレッド単位になる。共有リンクを作成したいメールを開き、ツールバーのメニューから「その他」をクリックして「リンクを作成」をクリック。

「リンクを作成」をクリック

2 クリップボードにURLがコピーされる

クリップボードにURLがコピーされる。ブラウザのアドレスバーに貼り付けて開くと、そのメールのスレッドが一覧表示され、内容を閲覧できる。

こんな用途に便利!

やり取り中の相手のメールをすぐに開ける
→ ToDoやKeepにメールへのリンクを保存して、ピン留めできる

ブラウザのGmailでも機能を拡張できる
→ さまざまなアドオンでGmailを最強メーラーにできる

頻繁に連絡するテンプレメールを効率化する
→ 「テンプレート」機能を有効にしてメールからテンプレートを作成できる

ブラウザ版Gmailのサイドパネルを活用しよう!

メールを中心とした操作が効率化できるサイドパネルが便利

ブラウザから手軽にアクセスできるGmailは、環境が変わってもアクセスしやすく、ビジネスシーンでもGmailをメインのメールアドレスやサブアドレスとして利用しているユーザーが多い。昨今のテレワークとの相性も良いメールサービスだ。

標準のままでも、Gmailは多機能で便利なサービスだが、ちょっとしたテクニックを知っておくと、さらに使いやすくなる。その最たるものが「サイドパネル」だ。画面右端に格納されていて「<」ボタンで展開できるサイドパネルにはいくつかのボタンが備わっており、Googleサービスやサードパーティ製のアドオンの機能を利用できる。たとえば、メールを開いた状態でサイドパネルの「Goo

gleカレンダー」をクリックすれば、Gmailを開いたまま、カレンダーの予定を確認できる。メールのタイトルを引用してGoogleカレンダーへと予定を追加できるのも便利だ。「Keep」や「ToDo」に保存するテクニックもマストな機能。該当するメールにワンクリックでアクセスできるため、メールを探し出す手間がなくなる。

これらサイドパネルを活用す

ることで、メールに関する手間の大幅カットが期待できる。業務の効率化、時短も狙えるので、GmailやGoogleサービスを多用するならしっかりとチェックしていこう。

Gmailのサイドパネルは画面右端の「<」をクリックすることで展開できる。Gmailの使い勝手を向上させ、かゆいところに手が届く、便利な機能を利用できるので試してみよう。

サイドパネルからさまざまな機能が利用できる

ToDo機能にメールへのリンクを保存できる。クリックすることで、該当するメールを一発で開ける

サイドパネルで利用できる多種多様なアドオンも用意されている

GmailからGoogleカレンダーに素早く予定を入れる

1 メールから「予定を作成」をクリック

Gmailでメールを開いたら「：」→「予定を作成」とクリックする。

Googleカレンダーはこちらからアクセスできる

「：」→「予定を作成」とクリック

2 タイトルと日時を保存する

予定のタイトルと日時を設定して「保存」をクリックする。メールの送信者に招待メールを送ることもできるが、そちらは任意でいい。

予定のタイトルと日時を設定

クリックしてGoogleカレンダーに予定を追加

3 Googleカレンダーに予定が入る

Googleカレンダーに予定が追加され、Gmailを見ながらサイドパネルで素早く予定を確認できる。

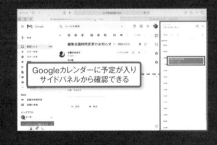

Googleカレンダーに予定が入りサイドパネルから確認できる

Google Keepにメールへのリンクを加える

1 「Keep」でメモを追加する

メールを開いた状態でサイドパネルからKeepを表示。「+メモを入力」からメール内容のメモを入力していく。

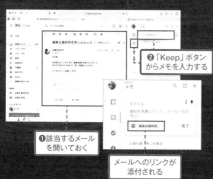

② 「Keep」ボタンからメモを入力する

❶該当するメールを開いておく

メールへのリンクが添付される

2 メールリンクから該当メールを表示する

Keepのメモのリンクをクリックすると、他のメールやトレイを開いていても、すぐに該当メールを表示できる。

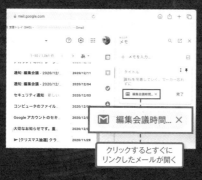

クリックするとすぐにリンクしたメールが開く

3 KeepからもGmailを表示可能

Gmailのサイドバーだけでなく、Keepアプリからも該当メールを即呼び出すことができる。

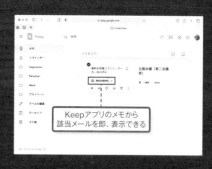

Keepアプリのメモから該当メールを即、表示できる

メールをリンクしたToDoを作成する

1 「タスクに追加」をクリックする

サイドパネルからToDoリストを表示し、メールを開いた状態で「タスクに追加」をクリックする。

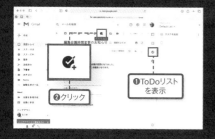

❶ToDoリストを表示

②クリック

2 リンク付きのToDoが作成される

メールへのリンク付きToDoが作成される。Keepと同じく、リンク部をクリックすると、該当メールを素早く表示できる。

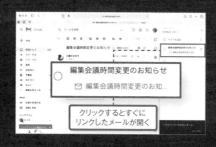

編集会議時間変更のお知らせ

編集会議時間変更のお知...

クリックするとすぐにリンクしたメールが開く

3 すぐに見返したいメールをToDo化しておく

進行中の案件など、すぐに見返したいメールをToDo化しておこう。返信を作成する際なども素早くメールを展開できて、メールのやり取りが格段に素早くなる。

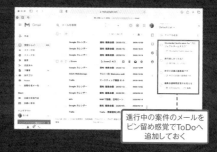

進行中の案件のメールをピン留め感覚でToDoへ追加しておく

よく連絡を取る相手に素早くメールを作る

1 「連絡先」をクリックする

メールを開いた状態で「連絡先」をクリックすると、そのメールスレッドに参加している相手の連絡先がリストアップされる。

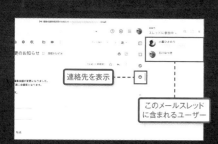

連絡先を表示

このメールスレッドに含まれるユーザー

2 すべての連絡先を表示する

「連絡先」欄をクリックして「連絡先」に切り替えると、Googleの連絡先を表示できる。

クリックして「連絡先」に変更

Googleの連絡先を表示できる

3 連絡先のアドレスにメールを作成

連絡先を開き、「メールを送信」をクリックすると、新規メールを作成できる。

大畑 愛梨

新規メールを作成できる

サイドパネルに便利なアドオンを追加してみよう

　サイドパネルでは、「+」ボタンからサードパーティ製アドオンを追加して機能を増やすこともできる。

　ビジネスに必須なコミュニケーションツール「Slack」をはじめ、タスク管理の「TickTick」「Trello」、スクラップサービスの「Evernote」、ミーティングの必携となった「Zoom」など、定番のツールが追加できる。

　これらアドオンは、メールと連携した機能が利用できる。たとえばSlackであれば、メールの内容を自分宛てに転送できる。Zoomはメールに含まれるユーザーに向けてミーティングを作成でき、ミーティング開始のメールまで送ってくれる。こうして外部ツールと連携することで、手間・手順をカットできるのもGmailを選ぶ理由になっている。

サイドパネルにアドオン（Slack）を追加する

「+」ボタンからSlackアドオンを選ぶ

サイドパネルの「+」ボタンをクリックし、アドオン一覧からSlackを見つけて「Gmailへ追加」ボタンをクリックする。

Slackアドオンをインストールしていく

「インストール」をクリックしてSlackアドオンをインストール。インストール後は起動して、Slackにサインインしておこう。

1　2
3　4

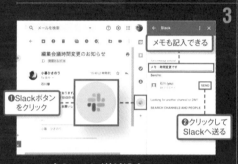

メールをSlackに送り込む

メールを開いている状態で、サイドバーのSlackボタンをクリック。「SEND」をクリックすることでメールの内容をSlackへ送れる。

Slackでメールを確認する

Slackに送られたメールは、自分のスペースから確認できる。クリックして全文を確認可能だ。

！ここがポイント

不要なアドオンをアンインストールする方法

不要になったアドオンの削除方法も覚えておこう。アドオンの追加画面で「設定」ボタンをクリックし「アプリを管理」をクリック。削除したいアドオンの「：」をクリックして「アンインストール」をクリックすればいい。

アドオンの削除は管理画面から。アプリの「：」ボタンをクリックして、「アンインストール」をクリックする。

ZoomアドオンでGmailからZoom会議を始める

1 メールの相手をZoom会議に誘う

会議に誘いたい相手とのメールを開き、Zoomアドオンから「Start meeting」をクリックする。

Zoomアドオンから「Start meeting」をクリック

2 会議のタイトルを入力してミーティングを作成

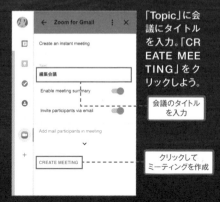

「Topic」に会議にタイトルを入力。「CREATE MEETING」をクリックしよう。

会議のタイトルを入力

クリックしてミーティングを作成

3 ミーティングを開始する

「START MEETING」をクリック。Zoomが起動してミーティングが始まる。メールに含まれるアドレスの相手には、ミーティング開始のメッセージが届き、参加できる。

クリックしてミーティングを開始

**よく使う定型文は
テンプレート化して
メール作成を高速化する**

メールの書き出しや季節の挨拶は、定型文として辞書ツールに登録して一発変換。毎回おなじみの挨拶から始まるメールでの連絡では、定番であり初歩的

の効率化テクニックで、利用している人も多いだろう。しかし、Gmailを使うのであれば、定型文を「テンプレート」化してしまったほうが断然使いやすい。

テンプレートを利用するには、新規メールを作成し、テン

プレートとして保存しておきたい内容を記入し、レイアウト・デザインを整える。その後、メニューからテンプレートとして保存すればいい。辞書への単語登録と違い、こちらは文字装飾などを含んだ状態で保存しておけるため、目立たせたい文言が

含まれる重要なメールでも使いやすい。テンプレートは複数作成して切り替えられるので、用途に応じてメールの「テンプレ化」を進め、メールのやりとりにかかる時間を短縮していこう。

メールからテンプレートを作成して運用する

1 Gmailのすべての設定を表示する

まずはテンプレートを有効にしよう。画面上部の「設定」ボタンをクリックし、「すべての設定を表示」をクリックする。

2 テンプレート機能を有効化

「詳細」をクリックし、「テンプレート」欄の「有効にする」にチェックを入れる。画面を下部までスクロールして「変更を保存」をクリックして保存しよう。

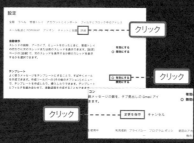

3 テンプレートとなるメッセージを入力する

「+作成」から新規メッセージを作成。テンプレートにしたい内容を入力。入力できたら「：」をクリックする。件名を含めることも可能だ。

4 メッセージ内容からテンプレートを作成

メニューから「テンプレート」→「下書きをテンプレートとして保存」→「新しいテンプレートとして保存」とクリック。

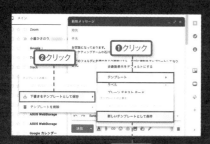

5 テンプレートの名前を入力する

テンプレートに名前を付ける。なるべくわかりやすいものがいい。名前を入力できたら「保存」をクリックする。

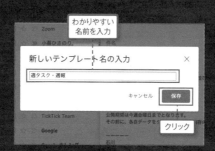

6 メールにテンプレートを挿入する

新規メールを作成時に「：」→「テンプレート」から保存したテンプレート名を選ぶと、メール本文にテンプレート内容が挿入される。

**！ ここが
ポイント**

**Gmailをメインで使うなら
デスクトップ通知を
有効化しておこう**

Gmailをブラウザで使うなら新着メールにすぐに気がつけるようにしておこう。画面上部の「設定」ボタンをクリックし、「すべての設定を表示」。「全般」から「メール通知（新規メール）」をオンにすることで、新着メールで通知が届くようになる。なお、ブラウザ側でサイトからの通知の許可も行なっておくこと。

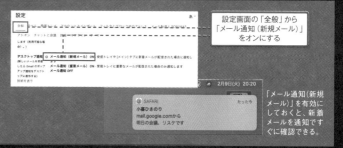

設定画面の「全般」から
「メール通知（新規メール）」
をオンにする

「メール通知（新規メール）」を有効にしておくと、新着メールを通知ですぐに確認できる。

127

管理
MANAGEMENT

こんな用途に便利!

タスクの時間を管理できる
→ タスクの開始時刻と終了時刻を記録できる

シンプルで使いやすい
→ インターフェースがシンプルで最低限のメニューしかなく初心者でも使いやすい

あらゆるデバイスに対応
→ ブラウザ、Mac、Windows、スマホなどあらゆるデバイスから同期して利用できる

簡単に作業履歴を管理できる「Toggl」

一日に行うさまざまな作業の時間を計測して効率化を図る

仕事を効率化する方法としてタイムマネジメントがある。タイムマネジメントとは日常的に行っているさまざまな動作や作業の時間を細かく記録し、見直すことでムダな時間を把握し、効率よく仕事をこなすようにすることだ。

しかし、タイムマネジメントをするアプリは多数あるが、複雑でわかりづらいものが多い。初心者が手軽に行いたいなら「Toggl」がおすすめだ。

Togglはシンプルで使いやすいタイムマネジメントサービス。作業開始時にスタートボタンを押し、作業が終わればストップボタンを押し作業内容を書くだけ。自動的に作業内容とログを蓄積し、何の作業内容に時間を使ったかを視覚化してくれ

る。作業記録を付け忘れたりしたときでも後から自由に編集することが可能だ。

また、スマホ、タブレット、Windows、Mac、ウェブブラウザなどあらゆるデバイスからアクセスして同期できる点も大きな特徴だ。PCで作業しているときはブラウザ上で計測し、外出中はスマホアプリで計測し、それらを同期して1つにまとめることもできる。ここで

はおもにウェブブラウザからの利用方法を解説しよう。

Toggl
作者　Toggl OU
価格　無料
URL　https://toggl.com/

アプリ:スマホ版

今日自分がした個々のタスクの作業時間を記録して、後で見直して無駄と思われる時間をできるだけなくしていこう。

ブラウザ版

スマホ版アプリやMac版アプリなどあらゆるデバイスで利用できるのでいつでもどこでも管理でき、タスクが途切れてしまうことはない。

Macアプリ版

Togglの基本的な使い方をマスターしよう

1 アカウントを作成しよう

Togglを利用するにはアカウントを作成する必要がある。サイトで「Try Toggl」をクリックし「toggl track」をクリック。メールアドレスとログインパスワードを設定しよう。

❶「Try Toggl」をクリック

❷「toggle track」をクリック

2 再生ボタンをクリックして作業内容を記述する

メイン画面に移動したら、右上の再生ボタンをクリックする。左側に再生後始める作業内容を記述しよう。

❷作業内容を書く

❶クリック

3 停止ボタンをクリックして作業内容をリスト化する

作業を終えて次の作業に移行するときに右上の停止ボタンをクリックする。すると下のタスクリストに追加される。

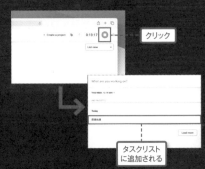

クリック

タスクリストに追加される

ナビゲーションバーを活用しよう

作成したタスクを見返す場合は左にあるナビゲーションバーを利用しよう。「Trimer」をクリックするとその日のタスクを時系列でリスト表示してくれる。Trimer画面内のメニューからカレンダー表示に切り替えればグラフィカルに一日のタスクを確認でき、各タスクの時間をドラッグで簡単に編集することができる。また、ウィークリーカレンダー形式に表示を変更すれば、一週間分のタスクをカレンダー形式で表示させることが可能だ。

「Reports」でも選択したその日のタスクが一覧表示されるが、ほかの日付のタスクの詳細を確認したり編集することもできる。また、各タスクにはタグを付けることができ、付けたタグは左ナビゲーションバー下部にある「Tags」で管理できる。なお、タグは複数作成することが可能だ。

今後活用する予定のない不要なタスクは削除するのもよいだろう。再生ボタン右にある「：」からタスクを消去することができる。

「Trimer」をクリック／表示形式を変更する

左のナビゲーションバーから「Trimer」をクリック。今日のタスクを一覧表示できる。右上のメニューからカレンダー形式やウィークリー形式で表示を変更できる。

「Reports」をクリック／時間をクリックして編集する

左のナビゲーションバーから「Reports」をクリックすると特定の日付のタスクの詳細が表示される。タイム部分をクリックすると開始時刻や終了時刻の編集ができる。

1 2
3 4

タグボタンをクリック

各タスクにはタグを付けることができる。タグボタンをクリックし、タグ名を入力して「+create a tag」をクリックしよう。

「Delete」をクリック

タスクを削除するにはタスク横にある「：」をクリックして「Delete」をクリックしよう。

! ここがポイント

複数のユーザーとタスクを管理する

Togglでは「ワークスペース」にほかのユーザーを招待することでタスクを共有できる。ナビゲーションパネルから「Team」タブを開き、右上にある「Invite」ボタンをクリックして相手のメールアドレスを入力しよう。相手が承認すると「Team」に相手の名前が表示される。無料版では5人まで、有料版では無制限に参加できる。

右上の「Invite」から招待メールを出そう

---

4 一日のタスクをリスト化する

同じようにタスクを追加し、時間を計測していこう。一日のタスクがリスト化される。休憩など同じタスク名は1つに自動的まとめられる。

5 一日のタスクのリストをプロジェクトにまとめる

再生ボタン横にあるプロジェクト作成ボタンからプロジェクトを作成できる。その日のタスクリストにプロジェクト名を設定しよう。左メニューの「Projects」からプロジェクトごとにタスクリストを分類表示できる。

プロジェクトを作成する／「Projects」をクリック

6 手動でタスク時間を編集する

追加したタスクの時間を編集したいときや、タスクの再生ボタンを忘れたときは時間部分をクリック。時間編集画面が表示され開始時刻や終了時刻を手動で編集できる。

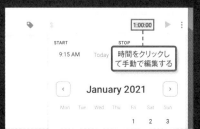

時間をクリックして手動で編集する

スタッフのMacBook環境はこんな感じ!

昨年に引き続き、今年も執筆、編集スタッフのMacBook環境を紹介。やはりM1 MacBook購入者が2人登場!

本誌スタッフの
MacBook環境
Q&A

1 使っているMacBookの型番を教えてください

2 自分がMacBookを使う上での絶対必要な設定、ユーティリティなどは?

3 MacBook上で最もやっている時間の長い作業のベストスト3は?

4 その作業の際に使うアプリを教えてください

5 ToDoやタスク管理など、スケジュール管理は何でやっているか?

6 デスクトップのウィンドウの配置に関しての、自分のルールなどはありますか?

1

小暮ひさのり

1980年01月21日生まれ、群馬県在住のフリーライター。2001年に編集プロダクションに入社、2003年に独立しPC誌やWEBメディアを中心に執筆。近年は「Yahoo!クリエイターズ」の動画コンテンツにも注力している。特技はお掃除、特に水回り系の掃除が得意。ハウスクリーニングアドバイザーの資格も所有している。

1 MacBook Pro (15-inch, 2018)

2 ディスプレイ設定は情報量重視で「スペースを拡大」。クリップボード拡張アプリ「Clipy」、パスワード管理アプリ「1Password」、オンラインストレージ「Box」は必須。

3 ❶:ブログ記事執筆
❷:映像編集
❸:書籍の執筆

4 「mi」「Pixelmator」「写真」「Final Cut ProX」

5 「カレンダー」

6 昨年子供が生まれたので、抱っこしながら仕事ができる環境を……と、壁に折りたたみ式のスタンディングデスクをDIYで設置! USB-Cのモバイルモニター

を壁付けして、子供を寝かせつつマルチモニターで原稿を書けるシステムを構築しました。ブログ執筆時はブラウザを上モニターに配置、正面を向いて入力できる(首や肩への負担を減らせる)ように調整しています。

15インチモバイルモニター

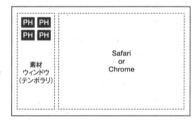

MacBookのディスプレイ

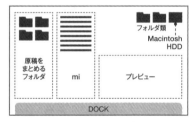

2

河本亮

1979年生まれ。フリーライター、ブロガー。2000年ころからおもにIT系の雑誌やムックで、パソコン、スマホ、タブレット、クラウドサービスの初心者用取説記事やビジネスユーザー用実践記事を執筆している。ウェブサイトでは「Artpedia」「ビッグテックJP」など非共同編集百科事典サイトを多数運営。フリマアプリで売買をしている。

1 MacBook Air
(13-inch,M1 2020)

2 最新機種のMacBook AirではUSBポ

ートがなくなったのでThunderbolt 3 (USB-C)ハブが必須。

3 ❶:原稿執筆
❷:SNS
❸:YouTube

4 「Chrome」「mi」「Dropbox」「Google日本語入力」「Pixelmator」「Foxit PDF」「Spark」「Get Plain Text」「DeepL」

5 Mac標準メモ、Mac標準カレンダー

3

小原裕太（おばらゆうた）

神奈川県川崎市出身。長野県上田市在住。Macや
デジタルカメラ、スマートデバイス系の著作多数の
テクニカルライター。最新のデジタルデバイスが
出たら、発売直後に買って試さずにはいられない
不治の病を患いながら、その闘病記を原稿化する
ことで生きながらえている。最近は音楽系物欲が
止まらず、2台のHomePodでステレオ環境を構
築した挙げ句、それで毎日ラジオを聞いている自
分に気づき、少し反省している。

1　MacBook Pro（16-inch, 2019）

2　在宅時は原則、外付けディスプレイ+エ
ルゴトロンのディスプレイアームを使
い、MacBook本体はクラムシェルモー
ドにするので、どちらも外付けのキーボ
ード（HHKB BT）、トラックパッド
（Magic Trackpad 2）が入力デバイ
スになり、本体に触れることはあまりあ
りません。本体はSatechiのアルミスタ
ンドに立てています。
ディスプレイは4Kで、USB-C入力対

応であることにこだわりました。デスク
周りがすっきりし、ディスプレイアーム
によってデスク上の自由度が増すので。
MacBook接続時は、iMac 4Kと同じ
スケーリング解像度でRetina表示して
います。
Mac関係の記事を書くことが多いので、
設定周りは原則、デフォルトを維持してい
るのがこだわりと言えばこだわりです。

3　❶:原稿執筆
　　❷:RAW現像
　　❸:ネットサーフィン

4　「Jedit Ω」「Adobe Photoshop」
「Lightroom Classic」「Safari（デフォ
ルト主義なので）」

5　基本は自宅作業で原稿を淡々と書いて
いるだけなので、高度なアプリは必要
とせず、スケジュール管理はデフォルト
のカレンダーです。
タスク管理はデフォルトのリマインダー
がiOS版しかなかったころからしっくり
こなかったので、もう長いこと「Clear」
というアプリを使っています。macOS
／iOS／iPadOS版があり、極めてシ
ンプルながら操作感と効果音が心地よ
く、クラウド経由のタスク同期にも対応
していて、手放せません。

6　特にありません。デフォルト主義なの
で。ただ、メーラー（Spark）利用時と
プレビューでPDF資料を見るときは、
それらのアプリはフルスクリーン化しま
す。この2つのアプリ使用中は、他アプ
リと併用することはまずないので。

4

内山利栄

本誌編集者。MacはPowerBook 100から使って
いた。スタンダーズではApple系の本を量産して
いるので皆様よろしくお願いいたします。

1　MacBook Pro（13-inch,M1 2020）
2015の旧型Proから、M1のProに乗り
換えました。メモリを16GBにできなかっ
たのが今でも悔やまれます（納期の問題
で）。でも自分の作業なら8GBでも問題
なさそう……。

2　会社に行くのが週一回ペースになり、テ
レワーク体制を整え、ついに外部ディス
プレイをメインにしました。特徴として

は、古いiMacの有線キーボード（有線
キーボードが圧倒的に好きなので）をテ
ンキーとUSBハブ部分のみ利用し、ゲー
ミングキーボード（青軸）につないで
いるところでしょうか。このキーボード
「HERMES E2」は、実売5,000円程
度と安いんですが、キータッチは個人
的に最高です。

スペースがないので、デスクの引き出しを引っ張り出
し、その部分にキーボードとマウスを載せている。

3　❶:編集作業
　　❷:ブラウジング
　　❸:原稿執筆

4　「Cot Editor」「Safari」「Foxit
Reader」「Get Plain Text」「Clipy」
「Lilyview」「Adobe Illustrator」
「Evernote」

5　Dropbox上に置いたテキストファイル
に、自分にしか判読できない特殊記号を
駆使しつつメモ。

6　いろいろなウィンドウを微妙に端だけが
見える程度に重ねて配置し、クリックで
選択できるようにしている（結局は効率
が悪い気もしているが…）。

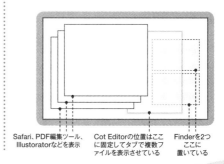

Safari、PDF編集ツール、　Cot Editorの位置はここ　Finderを2つ
Illustratorなどを表示　に固定してタブで複数フ　ここに
　　　　　　　　　　　　ァイルを表示させている　置いている

アプリ・インデックス

アプリ名から記事の掲載ページを検索できます。

Accelerate Your MacBook Working Style!!!!

MacBook 仕事術！
MacBook Working Style Book!!!!
2021

執筆
河本亮
小暮ひさのり
小原裕太

カバー・本文デザイン
ゴロー2000歳

DTP
松澤由佳

撮影
鈴木文彦（snap!）

2021年3月10日発行

編集人　内山利栄
発行人　佐藤孔建
印刷所：中央精版印刷株式会社
発行・発売所：スタンダーズ株式会社
〒160-0008
東京都新宿区四谷三栄町12-4　竹田ビル3F
営業部（TEL）03-6380-6132

©standards 2021
Printed in Japan